KB112945

영재들의
수학시크릿북
❷

과학영재교육원,
수학올림피아드
완전정복을 위한

영재들의
수학시크릿북

사사베 테이이치로 지음 | 박선영 옮김

2

살림Math

c·o·n·t·e·n·t·s

 수학영재 시크릿 ❶
위대한 수학자들의 열정 배우기

02 수학영재 시크릿 ❷
수학이야기로 논술형 수학에 대비하기

수학영재 시크릿 ❸

수학유희로 수학뇌 만들기

수학영재 시크릿 ❹

수학퍼즐을 즐기며 논리력 향상 시키기

위대한 수학자들의 열정 배우기

제 1 화

피타고라스

피타고라스의 일생

고대 그리스의 대표적인 수학자로 피타고라스(Pythagoras)와 아르키메데스(Archimedes)를 들 수 있습니다. 특히 피타고라스는 기하학 발전에 크게 공헌했습니다. 여러분도 잘 아는 '피타고라스의 정리' 즉, "직각삼각형의 빗변 위의 사각형은 다른 두 변 위의 사각형의 면적을 합한 것과 같다."라는 유명한 정리는 그 이후의 수학을 크게 발달시켰답니다.

이 정리를 발견한 피타고라스는 기원전 570년 그리스의 사모스에서 태어났습니다. 당시 세계 문화의 중심지는 단연 이집트나 바빌로니아였기 때

피타고라스

문에 피타고라스도 이집트와 바빌로니아에서 수학과 철학을 공부했습니다. 원래 피타고라스는 수학자라기보다는 철학자, 윤리학자라고 할 수 있을 만큼 사회제도의 개량이나 실천 도덕의 지도자로 유명했다고 합니다. 또한 수학과 천문학, 역학에 조예가 깊었고 음악에도 능통해서 이 다재다능한 학자는 세상 사람들의 열렬한 환영을 받았습니다.

학업을 마친 그는 고향 사모스로 돌아가 학교를 세우고 청중을 모아 강연을 시작했습니다. "예언자는 고향에서 환영받지 못한다."는 속담이 있듯이 어느 시대이든 반대하는 사람이나 훼방꾼은 있는 법입니다. 피타고라스도 이런 방해꾼을 만나 결국 학교 문을 닫고 이곳저곳을 전전하다가 이탈리아 서부의 메타폰툼에서 남은 생을 마쳤다고 합니다.

피타고라스 학교

피타고라스가 세운 학교는 오늘날과는 전혀 달랐습니다. 일종의 비밀결사와 같은 단체로 그 단원인 제자들은 선생에게 배운 수학의 연구 내용을 한마디도 발설하지 않겠다고 굳게 맹세해야 했습니다. 또 각자 발견한 수학의 연구 내용은 모두 선생의 이름으로 단원에게 발표하고, 제자들은 결코 자신의 이름을 드러낼 수 없도록 정해져 있었습니다. 피타고라스 자신은 이런 비밀주의를 고집하지 않고 세상에 널리 진리를 공표하고 지식을 넓히고자 했지만 당시 사회 정세 때문에 이런 결사단체가 태어난 듯합니다.

이런 학풍은 상당히 오랫동안 이어져 기원전 4세기 경 피타고라스학파의 단원이었던 히파소스(Hippasos)는 자신이 발견한 수학 정리를 타인에게 알린 죄로 결사 단원에게 죽임을 당했다고 합니다. 수학 문제 때문에 죽임을 당하다니 정말 무서운 시대였지요?

피타고라스의 정리

피타고라스의 정리도 과연 피타고라스 자신의 발견인지 아니면 제자들이 연구한 것인지 확실하지 않습니다. 일화에 따르면 이 정리는 피타고라스가 친구 집을 방문했을 때, 우연히 정원 바닥에 깔린 대리석 조각을 보고 떠올린 것이라고 합니다. 정원에 깔린 대리석 조각은 아래 그림과 같았습니다.

피타고라스는 이 그림을 보고 직각이등변삼각형의 빗변 위의 정사각형의 넓이가 직각을 사이에 끼운 두 변 위의 정사각형의 면적의 합과 같다는 사실을 발견했다고 합니다. 그리고 임의의 직각삼각형에 대한 연구를 시작했다고 전해집니다.

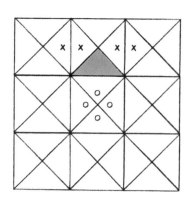

또 어느 일화에서는 $3^2+4^2=5^2$에서 3, 4, 5의 세 변을 가진 삼각형의 한 각이 직각이 되는 사실을 이집트인에게서 배웠고 이것을 힌트로 정리

를 완성했다고도 합니다. 어떤 책에서는 그가 이 대정리를 발견했을 때 너무나 기쁜 나머지 춤추면서 뮤즈(음악)의 신에게 소 100마리를 바치며 감사했다고 전하고 있습니다.

하지만 피타고라스학파 사람은 윤회(輪廻)사상 즉, 영혼의 불멸과 환생을 믿었기 때문에 100마리의 소를 죽여 피를 흘리는 잔혹한 짓을 했을 리가 없습니다. 이 이야기는 그저 후세 사람들이 지어냈으리라 짐작됩니다. 어쨌든 이 중요한 정리는 2천년 전부터 오늘날에 이르기까지 많은 수학자들에 의해 무수한 해법이 시도되고 다양하게 증명되었습니다. 하지만 피타고라스 자신은 어떤 방법으로 증명했는지 알 수 없습니다. 현재 여러분이 교과서에서 배우는 증명 방법은 유클리드의 독창적인 증명법으로 알려져 있습니다.

무리수의 연구

또 한 가지 피타고라스학파가 수학사에 남긴 위대한 공헌은 무리수에 대한 개념을 발견한 사실입니다. 피타고라스학파는 기하 도형과 수의 관계를 연구해서 오늘날 우리가 사용하는 무리수를 발견했습니다.

직각삼각형의 직각을 포함한 두 변의 길이를 모두 1이라고 하면 그 빗변은 $\sqrt{2}$ 로 이것은 어떤 정수나 분수로도 나타낼 수 없는 새로운 수였습니다. 그 전까지 수는 정수와 분수(소수) 외에는 존재하지 않는다고 생각했는데, 피타고라스학파가 새로운 수의 개념을 발견한 것입니다. 무리수는 고대 수학의 위대한 발견 중 하나로 일컬어집니다.

또 피타고라스는 직각삼각형 세 변의 길이를 나타내는 정수를 구하는
공식으로

$$(2n+1)^2 + (2n^2+2n)^2 = (2n^2+2n+1)^2$$

의 관계식에서 n에 임의의 값을 주어 직각을 포함한 두 변을

$$(2n+1), \ (2n^2+2n)$$

으로 할 때 빗변은 $2n^2+2n=1$이라는 사실을 제시했습니다. $n=1$이라고
하면 세 변은 3, 4, 5가 되고, $n=5$라고 하면 세 변은 11, 60, 61이 되듯
이 이 식에서는 빗변과 한 변과의 차이가 항상 1이 됩니다.

$(n^2-1)^2 + (2n)^2$ 은 $(n^2+1)^2$ 과 같으므로 n을 임의의 정수로 할 때
$(n^2-1), \ (2n), \ (n^2+1)$이 직각삼각형의 세 변을 나타내는 사실은 교과
서에도 잘 나와 있습니다.

도형과 미신

비단 피타고라스학파만이 아니라 고대 수학자들은 수와 도형에 길흉화
복(吉凶和福)의 미신과 연관시켜 점을 치기도 했습니다. 이 사상은 지금도
남아 있습니다. 13이라는 수는 재수가 없다든지, 중국과 한국, 일본 등 한
자 문화권에서 4는 죽을 사(死)와 같은 발음이라서 싫어하는 것도 비슷한

예입니다. 피타고라스학파의 사람은 1은 만물의 근원을 나타내고 2는 여성을, 3은 남성을, 4는 중화를, 5는 남성 3과 여성 2의 결합으로 결혼을 의미하고, 6에는 추위의 비밀이 포함되고, 7은 건강의 비밀을 저장하고, 8은 3(남성)과 5(혼인)의 합으로 사랑의 비밀이 포함된다고 생각했고, 이들을 정교하게 이용해서 점을 쳤던 것입니다.

한편 도형에서는, 육면체는 땅의 비밀을 안고 있으며 사면체(피라미드)는 불의 비밀을 지니고, 12면체는 천공의 비밀을, 구는 완전한 신을 나타내는 것으로 생각하고 수의 비밀과 함께 길흉화복을 점쳤습니다. 수나 도형에 관해 이런 신비한 생각을 지닌 고대의 사상은 그리스만이 아니라 한국, 인도, 중국, 일본도 마찬가지였습니다.

완전수와 우애수

완전수란 한 정수에 대해 그 수 이외의 인수의 합이 그 정수와 같은 수를 말합니다. 예를 들어 6의 인수는 1, 2, 3으로 $1+2+3=6$이 되므로 6은 완전수입니다.

또 28의 인수는 1, 2, 4, 7, 14로 $1+2+4+7+14=28$이 되므로 두 번째 완전수는 28입니다. 피타고라스학파 단원들은 이런 완전수를 활발하게 연구했다고 합니다.

알렉산드리아의 니코마코스(Nikomachos)는 오랜 세월 연구한 결과 496과 8,128이 완전수라는 사실을 밝혀내고, 그다음 완전수는

33,550,336으로 이 사이에 완전수는 존재하지 않는다고 발표했습니다. 하나하나의 수에 대해 완전수인지 아닌지를 계산하기 위해 엄청난 시간과 정력을 쏟은 니코마코스는 완전수가 적은 사실을 한탄하며 "선하고 아름다운 것은 정말 드물어 손에 꼽을 정도인데 추악한 것은 왜 이다지도 많은가."라는 말을 남겼다고 합니다.

재미있는 사실은 이 완전수는 한 자리 수에서는 6, 두 자리 수에서는 28, 3자리 수에서는 496, 4자리 수에서는 8,128, 이런 식으로 각 자리 수마다 단 하나씩만 존재하고 6 아니면 8로 끝나는 성질이 있다는 것입니다. 이후 5자리 수, 6자리 수의 완전수를 찾아내려 했지만 찾지 못하고, 다섯 번째 완전수는 33,550,336이라는 사실이 밝혀진 것입니다.

어느 날 한 제자가 피타고라스에게 "우애수(友愛數)란 무엇입니까?"라고 물었습니다. 피타고라스는 "내가 아닌 나를 말한다. 예를 들면 220, 284와 같은 수이다."라고 대답했습니다. 그 의미는 220의 인수는 1, 2, 4, 5, 10, 11, 20, 22, 44, 55, 110으로 그 합은 284가 되고 284의 인수는 1, 2, 4, 71, 142로 그 합이 220이 됩니다. 이렇게 한 쌍을 이루는 수를 우애수라고 하는데, 이런 수는 당시 그리스인들에게 왕성하게 연구했던 것 같습니다. 연구 결과 우애수는 100쌍 정도 있다고 알려졌는데, 무한히 존재하는지는 아직 밝혀지지 않았습니다.

또 여러분이 수열에서 배우는 삼각수, 사각수, 오각수, …… 다각수의 사상도 피타고라스가 발견했다고 합니다. 하지만 피타고라스 이전에 아랍

인이나 유대인도 앞서 말한 완전수나 우애수 또는 삼각함수 등에 대한 개념을 단편적으로나마 알고 있었습니다. 인도인이나 유대인은 "조물주가 엿새 동안 만물을 만들어 내신 것은 6이 완전한 수이기 때문이며, 달이 28일마다 둥글게 차는 것은 28이 완전수이기 때문이다."라고 생각했습니다. 따라서 앞서 말한 사상들은 피타고라스의 독창적인 발견이라고는 할 수 없지만, 이론적인 체계를 갖추게 된 것은 역시 피타고라스의 업적이라고 해야 할 것입니다.

피타고라스는 다양한 발견과 발명을 하고 학파 중에서 뛰어난 인재가 수없이 배출되어 한때는 학교도 융성했지만, 신비적인 갖가지 의식 때문에 당시 정부나 종교 단체로부터 박해를 당하다가 결국 학교는 파괴되고 학파는 뿔뿔이 흩어졌습니다. 피타고라스는 박해를 피해 각지를 떠돌아다니다가 메타폰툼에서 자객에게 죽임을 당했다고 합니다. 피타고라스가 죽은 후, 학교는 일부 다시 문을 열어 2세기 말까지 존재했다고 전해집니다.

피타고라스와 음악

피타고라스는 수학이나 천문 외에도 음악을 사랑한 인물로, 다음과 같은 일화가 전해집니다. 어느 날 피타고라스가 크로톤의 교외를 산책할 때 근처 대장간에서 망치를 두드리는 소리가 선명하게 들려왔습니다. 너무나 상쾌한 소리에 이끌려 피타고라스는 대장간에 들어가 망치의 무게와 길이를 조사하고, 그 무게와 길이가 소리에 영향을 준다는 사실을 알았습니다.

이것을 힌트로 새로운 악기를 고안했으며 또 다양한 관악기도 만들었습니다. 피타고라스는 물체의 분자가 진동하면서 음이 생기며 분자의 진동과 수는 밀접한 관계에 있다는 사실을 발견했습니다.

> **참조**
>
> 정수에 신비한 의미나 도덕적 속성을 부여하는 일은 바빌로니아인의 일반적인 풍습이었지만, 피타고라스학파 사람은 특히나 더 열성적이었습니다. 예를 들어 우주는 최초 네 개의 짝수 2, 4, 6, 8의 합과 네 개의 홀수 1, 3, 5, 7의 합에서 생긴 것으로 생각하고 $2+4+6+8+1+3+5+7=36$의 36을 가장 신성한 수로 생각하여, 다양한 주문에 사용했습니다. 지금 생각하면 유치하기도 하지만 피타고라스학파 사람들은 여기서 정수론적 연구의 실마리를 얻었습니다. 짝수, 홀수의 구별도 그들이 처음 시작한 것이며 $\sqrt{2}$가 무리수라는 사실 역시 이 학파에서 증명한 것입니다.

제 2화

플라톤과·아폴로니오스

플라톤의 업적

그리스도, 석가, 공자와 함께 세계 4대 성인으로 불리는 소크라테스의
제자로, 위대한 수학자 플라톤(Platon)이 있습니다. 그는 기원전 400년경
그리스에서 태어나 처음에는 소크라테스에게
가르침을 받고 철학을 연구한 후, 소크라테스
가 죽은 후 여러 나라를 돌아다니며 유명한 수
학자들과 친교를 맺으면서 수학과 철학은 서로
불가분의 관계라는 사실을 깨달았습니다.

스승 소크라테스가 수학을 경시했던 것을 안
타까워하던 플라톤은 스스로 수학, 특히 기하

플라톤

학 연구에 흥미를 느끼고 자신의 전공인 철학을 비롯해서 어떤 학문을 하든지 수학이 필요하다는 사실을 강조했습니다. 자신의 학교 앞에 "기하학을 모르는 사람은 여기 들어올 수 없다."고 쓴 간판을 내건 사실은 유명합니다.

스스로도 기하학을 연구하기 위해 수많은 수학자와 교류하였습니다. 원래 플라톤은 전문 수학자가 아니기 때문에 그가 독창적으로 연구한 내용은 별로 없지만, 기하학 연구를 장려해서 기하학의 논증법을 철학에 응용하고, 종래 기하학자가 상식적으로 사용한 논리의 방법을 바꾸어 엄밀하게 정의, 공리, 정리를 구별해서 새로운 증명법의 기초를 세웠습니다. 또 해석법이라고 하는 증명법도 플라톤이 발명했다고 합니다.

물론 여기서 말하는 해석법은 지금 우리가 쓰는 해석이나 종합과는 조금 다른 의미로, 오늘날 적분법이나 귀류법 등이 속합니다. 플라톤은 입체기하학의 연구에도 흥미를 느껴, 각주(角柱), 각추(角錐), 원주, 원추 등에 대해 종래 피타고라스학파가 소홀히 했던 연구에 큰 자극을 주었습니다. 이후 또 다른 수학자 메네쿰스(Menaechums)는 플라톤 연구에 힌트를 얻어 원추곡선론을 발표하기도 했습니다.

아폴로니오스의 업적

'아폴로니오스의 원'으로 알려진 아폴로니오스(Apollonios)는 소아시아의 페르가에서 태어나 이집트로 건너와 알렉산드리아에서 기하학을 연구했습니다. 아르키메데스가 주로 수량적 기하학을 연구한 반면 아폴로니오스는 도형적 기하학을 연구했습니다. 그의 대저서 『원뿔곡선론』은 후세 학자들의 존경을 받았으며 현재 우리가 사용하는 타원, 쌍곡선, 방물선에 관한 점근(漸近)선, 초점, 법선(法線), 극선(極線), 공약경(共軛徑)에 관한 일련의 체계 및 극대, 극소에 관한 이론을 상세하게 저술했습니다. 그 여덟권의 책은 핼리 혜성으로 유명한 천문학자 핼리의 노력으로 영국에서 출판되어 현존하게 되었습니다.

그 외 학자

플라톤과 아폴로니오스와 같은 시대의 유명한 수학자로 다음과 같은 사람들이 있습니다. 아낙사고라스(Anazagoras, π의 정밀치를 결정하려고 한 최초의 기록을 남김), 필롤라우스(피타고라스학파의 교의를 선양해서 널리 세계에 소개하고 후세에 전하려고 노력함), 아르키타스(Archytas, 기하학을 역학에 응용해서 도르래의 원리를 발견하고 많은 기계, 기구를 고안하고 기하학의 실용성을 발달시킴), 에라토스테네스(Eratosthenes, 소수표인 에라토스테네스의 체로 유명), 히포크라테스(Hippocrates, 기원전 340년 무렵 입방체적 문제나 도형의 면적으로 유명), 안티폰(Antiphon, 구면삼각형에 관한 내용이나 원에 접하는 정사각형, 정팔각형, 정16각형, 정32각형 등 그 변수를 점차 늘려 원의 둘레 및 넓이를 구하는 방법 연구), 제논(Zenon, 귀류법으로 직선의 무한분할론에 반대한 학자 중 제 1인자) 등이 있습니다.

또 공식 $S=\sqrt{p(p-a)(p-b)(p-c)}$ 로 유명한 헤론(Heron), 구면에 그려진 큰 원의 성질을 연구하여 『구면론』을 저술한 테오도시우스(Theodosius), 원에 내접하는 사변형의 정리로 유명한 프톨레마이오스(Ptolemy), 삼각형의 횡재선(橫載線)의 정리로 유명한 메넬라우스(Menelaus), 삼각형의 중선에 관한 정리로 잘 알려진 파푸스(Pappus) 등 수많은 학자들에 의해서 당시의 기하학은 꽃을 피웠습니다.

제 3 화

아르키메데스의 위업

아르키메데스의 원리

물체의 무게를 물속에서 재면 공기 중에서 재는 것보다 가벼워진다는 사실이나, 강에서 헤엄치는 것보다 바다에서 헤엄치는 것이 더 잘 뜬다는 사실은 누구나 잘 알고 있지만, 그 원리는 누가 언제 어떻게 해서 발견한 것일까, 자세히 아는 친구들은 드물 거예요. 한 번 알아볼까요?

아르키메데스의 생애

아르키메데스

기원전 287년 그리스의 시라쿠사에 천재 아이가 태어났습니다. 이 아이가 훗날 유클리드, 아폴로니오스와 함께 고대 3대 수학자 중 가장 뛰어난 수학자로 불리게 되는 아르키메데스(Archimedes)입니다.

그는 귀족 가문의 유복한 가정에서 부모님의 총애를 한 몸에 받고 성장했으며 어릴 적부터 총명한 두뇌와 명민한 지혜를 가진 신동으로 불렸습니다. 특히 과학 방면에서는 어른도 따라잡지 못할 기발한 생각을 해서 세상을 감탄시켰습니다. 성장해서는 이집트로 건너가 알렉산드리아 대학에 입학하여 유명한 코논 교수에게 수학을 배우면서 한편으로는 물리학, 천문학을 연구했습니다. 그는 하나를 들으면 열을 아는 타고난 두뇌의 소유자였던 만큼 어느 문제에 몰두하면 말 그대로 자거나 쉬지 않고 열중하였기 때문에 그의 학업은 더욱 진전되었고 명성도 점점 더 높아졌습니다.

원의 넓이 문제

당시 수학자들 사이에서 상당히 어려운 문제로 알려졌던 '원의 넓이 문제'에 대해서도 그는 독특한 기하학적 방법으로 해답을 구했습니다. 즉, 원에 내접하는 정96변형의 둘레의 길이와 같은 원에 외접하는 정96변형의 둘레의 길이를 계산해서 원 둘레의 길이는 지름의 $3\frac{1}{7}$배보다도 작거나, 또 $3\frac{10}{71}$배보다 큰 것을 확인했습니다. 원의 둘레가 지름의 약 3배로 알려진 당시의 사실이 잘못된 것을 지적하고 원주율은 3.14……가 된다고 발표했습니다. 이것이 동기가 되어 훗날 수많은 수학자들이 원주율의 정밀한 계산에 힘을 쏟게 되었답니다.

그는 연구를 계속해서 원의 넓이를 구하는 방법, 구의 겉넓이, 구의 부피, 또 정다면체의 부피를 구하는 방법 등을 발표하고 나아가 오늘날 고등 수학에서도 상당히 어려운 문제에 속하는 원통타원체나 방물선, 쌍곡선의 성질을 연구해서 놀라울 만치 정교한 극한법 이론을 사용하여 후세 미적분학의 단서를 열었고, 기수법을 고안해서 많은 급수를 발견했습니다. 그것뿐만이 아니라 물리학에 관해서는 당시 아무도 알아차리지 못한 지레의 작용, 도르래, 나사의 역학적 원리를 연구해서 지점, 역점, 중점의 관계를 발견했습니다. 또 다양한 종류의 역학기계를 발명하고, "내게 튼튼한 지렛대를 준다면 지구라도 움직여 보이겠다."고 단언해서 세상 사람들을 놀라게 한 일은 유명합니다.

또 빛의 성질을 연구해서 갖가지 광학 원리를 발견했는데, 당시 적국 로마의 군함이 시라쿠사의 성벽으로 쳐들어와 아군이 불안해지자 그는 평소 연구했던 대반사경을 가지고 햇빛을 반사해서 적병을 물리치기도 했습니다. 때문에 국왕이 '신의 전사'라고 격찬했답니다. 또 천문학에도 조예가 깊어 스스로 천구의를 만들고 별자리 지도를 만들었다고 전해집니다. 태어나면서부터 비범한 천재인 데다가 학문 연구에도 열심인 노력가였는지를 알 수 있습니다.

황금 왕관 이야기

어느 날 국왕은 금 세공가에게 황금 왕관을 만들라고 명령했는데 당시에는 완성된 왕관이 순금인지 혹은 다른 금속이 섞여 있는지는 만든 사람 외에는 알 수가 없었습니다. 그래서 왕은 신하들에게 왕관의 성분을 검사하도록 명령했지만 누구 하나 선뜻 나서는 사람이 없었습니다. 결국 아르키메데스를 불러 조사하도록 청했습니다. 그는 왕명을 받들어 즉각 연구에 들어갔지만, 멋지게 완성된 왕관인 만큼 부수거나 자를 수도 없어 도저히 조사할 수가 없었습니다. 어떻게 해서든지 조사 방법을 고안해 내려고 애썼지만 좀처럼 해결책이 떠오르지 않았습니다.

몇 날 며칠 동안 아르키메데스는 이 일만 생각하다가 밥 먹는 것도 잠자는 것도 잊을 정도였습니다. 지칠 대로 지친 그는 "이 정도 문제도 풀지 못할 정도라면 살아서 무엇 하겠는가. 차라리 하늘에 이 한 목숨 바치고 다시 태어나 진리의 전당에 불을 붙이자."하고 비장한 결의를 했습니다. 마지막으로 몸을 정결히 하고 죽음을 맞이하려고 욕조에 들어갔습니다. 따뜻한 물속에 들어가서도 그는 왕관에 대한 생각을 떨칠 수가 없었습니다. 그러던 중 양손으로 욕조 가장자리를 잡고 일어나자 몸이 붕하고 떠올랐습니다. 그 순간 그는 영감이 떠올라 욕조에서 뛰쳐나와 큰 소리로 "발견했다! 발견했다!"라고 외치며 온 거리를 뛰어다녔습니다.

마침내 정신이 들어 집으로 돌아온 그는 연구실로 들어가 조용히 생각에 몰두했습니다. 욕조 속에서 자신의 몸이 가볍게 떠오른 것을 보고물속에서 물체의 무게는 공기 중의 무게보다 가볍다는 사실, 또 물질의 종류에 따라 그 무게의 비율이 바뀐다는 사실을 깨달은 것입니다. 즉, 그는 물체의 비중을 발견하고 왕관의 성분을 밝혀 낼 방법을 생각해 낸 것입니다.

이후 다양한 물체를 모아 공기 중에서 잰 무게와 물속에서 잰 무게의 관계를 조사하고, 다음과 같은 성질을 정리했습니다. 이것이 바로 그의 이름을 후세에 남게 한 아르키메데스의 원리입니다.

모든 물체의 무게를 액체 속에서 측량하면 그 물체와 같은 부피의 액체의 무게만큼 그 무게가 줄어든다.

그는 미리 황금의 비중을 확인하고 왕에게 받은 왕관의 비중을 조사하자, 그중에 약간의 혼합물이 들어간 사실을 발견했습니다. 감탄한 왕은 그에게 왕관을 상으로 하사했습니다. 그는 더욱 연구 업적을 쌓아 70세의 고령이 될 때까지 학문으로 국왕에게 충성을 다했지만 적국인 로마군에게 포로로 잡혀 감옥 속에서 지내야 했습니다.

적군의 대장 마세라스는 그가 불세출의 대학자라는 사실을 알고 그를 보살펴 주었지만 멋모르는 병졸 하나가 어느 날 정원에서 모래위에 기하 도형을 그리며 기하학 연구에 몰두하고 있는 아르키메데스를 보고 "무슨 짓을 하는 것이냐?" 하고 물었는데 아르키메데스가 "내 도형을 밟지 마라."라고 화를 내자 그만 그를 죽이고 말았습니다.

마세라스는 그의 죽음을 안타까워하며 그가 생전에 희망했다고 알려진 대로 '구에 외접하는 직원통' 모양의 묘비를 만들어 장례를 치러 주었습니다. 이것은 그가 기하학 정리로 발견한 "구의 부피는 이것에 외접하는 직원통의 부피의 $\frac{2}{3}$ 와 같다." 또는 "구의 겉넓이는 이것에 외접하는 원통의 측면의 넓이와 같다."는 사실을 묘비로 나타낸 것입니다.

참조

아르키메데스의 생존 연대에 대해서는 여러 설이 있는데 일설에 의하면 그가 75세로 죽은 것은 것으로 되어있으므로 이것으로 계산해 보면 태어난 것은 기원전 287년이 됩니다. 또 그의 아버지는 천문학자인 페이디아스(Pheidias)라고 알려져 있습니다.

제 4 화

지동설의 제창자 코페르니쿠스

목사 코페르니쿠스

코페르니쿠스(Copernicus)는 1473년 2월 19일 폴란드의 토룬에서 태어난 천문학자로 지동설을 처음 주장한 것으로 유명합니다. 처음 크라카우(현재의 크라쿠프) 대학에서 의학을 공부하고 이후 이탈리아로 유학해서 법률과 종교를 공부하여 목사가 되었습니다. 하지만 어릴 적부터 수학적인 천재성을 지녔고, 또 천문 연구에 비상한 관심을 가지고 있었습니다. 그는 우주의 구조 체계에 대해 지금까지 일반인들이 생각하던 천동설에 깊은 의문을 지니고 이것을 규명하려고 생각했습니다. 하지만 그

코페르니쿠스

의 직업은 천문학자가 아니라 목사였기 때문에 하일스베르크에서 목사가 되어 나중에 프라우엔부르크 사원의 목사로 일생을 보냈습니다.

코페르니쿠스의 우주계

당시 과학자, 종교가는 모두 아리스토텔레스의 사상에 바탕을 둔 지구 중심의 천동설, 즉 '프톨레마이오스의 우주계'를 절대 진리로 인정하여 누구 하나 의심하는 사람이 없었습니다. 하지만 코페르니쿠스는 고대 그리스의 피타고라스학파에 속하는 천문학자 필롤라오스(기원전 400년경)가 천체의 시운동을 이것과 반대인 지구의 운동으로 설명하려고 한 사상에 바탕을 두고, 지구의 자전에 대한 현상을 다양한 방법으로 입증했습니다.

또 그는 지구를 비롯한 다른 많은 행성은 태양의 주위를 같은 속도로 원운동하는 것이라고 가정해 천동설의 오류를 정면에서 통렬하게 배격했습니다. 화성과 목성의 역행 현상을 설명하고 지구는 금성과 토성 사이에 있다는 것을 확인한 것입니다. 또 연구를 진행해서 1543년 5월 24일 숨을 거둘 때까지 '코페르니쿠스의 우주계'라는 전대미문의 새로운 우주관 건설에 전력을 다했습니다.

이 사상을 포함하는 유명한 저서 『천구의 회전에 대해서』는 그가 죽기 직전에 출판되었는데, 이 책은 친구인 기제와 비텐베르크 대학의 수학 교수이며 천문학자로 알려진 레티쿠스(Rheticus)의 협력으로 완성되었습니다. 이것으로 종래의 잘못된 천동설은 뿌리째 흔들리게 되었고, 이론과 실

험을 기반으로 하는 신생 과학이 맹렬한 기세로 성장하여 현대 과학의 발

달에 위대한 공적을 남겼습니다.

참조

콜럼버스가 아메리카 대륙을 발견한 해는 1492년, 코페르니쿠스가 정확히
19살이 되던 때였습니다. 코페르니쿠스는 아메리카 대륙의 발견으로 한층 더
자극을 받아 천문 연구에 몰두하게 되었다고 합니다.

피사의 사탑과 갈릴레오

일생

이탈리아라고 하면 갈릴레오 갈릴레이(Galileo Galilei)를 떠올리고 갈릴레오의 이름을 아는 사람은 한 사람도 빠짐없이 피사의 사탑을 떠올릴 것입니다.

갈릴레오는 1564년 2월 14일 이탈리아의 피사(Pisa)에서 태어났습니다. 그의 아버지 빈센시오 갈릴레이는 가난한 귀족으로 양복집을 운영하고 있었습니다. 갈릴레이는 알려진 대로 걸출한 수학자이면서 동시에 물리학자, 천문학자로서 일세를 풍미한 대학자입니다.

갈릴레오

그는 당시 사람들이 절대 진리로 알고 있던 아리스토텔레스의 낙체의 법칙을 근본부터 뒤엎기 위해 피사의 사탑 8층에 올라가 물체의 낙하에 대한 새로운 법칙을 실험으로 증명했습니다.

피사의 사탑

이 피사의 사탑은 희귀하게 기울어진 건물인데 처음부터 이렇게 기울어진 채로 설계된 것은 아닙니다. 피사의 사탑은 로마교황 전성시대에 만들어진 대사원의 종루로 1173년에 기초공사가 시작되어 약 1년 여 만에 본 공사가 시작되었습니다. 이 사원의 2대 세례당과 대교회당 등은 아무 이상이 없는데 종루만이 지반 때문에 한쪽이 점점 가라앉기 시작해 공사가 약 12m까지 진행되었을 무렵 오른쪽으로 기울기 시작했습니다. 그래서 다시 수직으로 돌리기 위해 갖가지 방법을 시도해 보았지만 결국 모두 실패했습니다.

이 대사원은 고급 자재로 만든 호화로운 건물이었습니다. 때문에 종루를 똑바로 세우기 위해 애썼지만 어쩔 수가 없었습니다. 할 수 없이 공사는 약 60년 정도 중지되었습니다.

그 후 이 어려운 공사의 완성에 도전하는 건설가들이 수없이 나타났지만 성과가 없었습니다. 공사가 시작된 지 약 100년 후 안드레아 피사노의 아들이 가라앉은 쪽의 기둥을 다른 쪽 기둥보다 길게 만들고, 탑 전체의 중심이 측벽의 안쪽으로 떨어지도록 만들기를 제안한 이후 겨우 완성되었습니다. 그래도 탑은 수직선보다 약 $5m$나 기울어져 처음보다 $2.12m$정도 침하해 오늘날 여러분이 사진에서 볼 수 있는 것처럼 기울어진 상태가 된 것입니다.

피사는 당시 토스카나의 수도로 로마 교황의 권력이 전성기를 맞은 시대였던 만큼 이 대사원 외에도 피사에서는 앞다투어 고층의 아름다운 탑을 세우는 것이 유행이었습니다. 한때는 만 여 개나 되는 크고 작은 갖가지 탑이 온 시내에 마치 숲처럼 무성하게 세워져 마침내 법률로 건축을 제한하기에 이를 정도였습니다. 현재 남아 있는 이 사원의 세례당, 대교회당 등도 세계에서 유례를 찾아보기 힘든 우아한 대건축물이며 내부에 장식된 귀중한 벽화, 조각과 함께 중세 미술의 정수를 모은 것으로 보는 사람의 감탄을 자아내고 있습니다.

학문의 속박

갈릴레오는 이렇게 유서 깊은 피사에서 태어났지만 그의 아버지는 의술을 배우게 하려고 그를 의학교에 입학시켰습니다. 하지만 기하학에 흥미를 느낀 그는 당시 모든 학문이 로마교황이 만든 법의 권력 아래서 엄격한 속박을 받고 그리스도 교의에 맞지 않는 학설은 절대 발표할 수 없는 사회 분위기에 반발심을 느껴, "진리를 위해서는 무엇을 두려워하랴."라는 신념으로 과학 연구에 몰두했습니다.

진자의 등시성

어느 날 저녁 그가 사탑 옆의 넓은 묘지를 지나다가 사탑의 밑에 있는 성당에서 많은 신자들이 열심히 설교를 듣고 있는 것을 보고 자기도 그 안으로 들어갔습니다. 문득 천장을 올려다보니 방금 불을 붙였는지 등불이 긴 쇠줄에 매달려 조용히 좌우로 흔들리고 있었습니다. 갈릴레오는 아무 생각 없이 그 모습을 보고 있다가 등불의 진동에 대한 새로운 발견을 하게 된 것을 직감했습니다. 이것이 동기가 되어 그가 진자의 등시성을 발견한 이야기를 물리학이나 삼각법의 단진동에서 자주 등장하는 일화입니다. 이것은 1581년 그가 17살이 되던 때 일이었습니다.

그렇게 해서 그는 자연과학 연구에 흥미를 느끼고 마침내 의학교를 중퇴한 후 오직 수학과 물리학을 연구해서 1589년 피사 대학의 수학 교수가 되었습니다. 갈릴레오는 당시 아무도 알아차리지 못했던 낙체에 관한 아리스토텔레스의 법칙에 깊은 의문을 느끼고 있었습니다.

아리스토텔레스는 "물체가 낙하하는 속도는 그 중량에 비례한다. 따라서 무거운 물체일수록 빨리 떨어진다."고 생각했습니다. 하지만 갈릴레오는 공기의 저항만 없다면 어떤 물체라도 낙하 속도는 동일하다고 생각했습니다.

당시 로마교황은 아리스토텔레스의 법칙을 절대 진리로 지지했기 때문에 이 사실을 함부로 공표하면 이단자로 몰려 종교재판을 받고 극형에 처해질 것이 분명했습니다. 하지만 갈릴레오는 세상 사람들에게 올바른 진리를 알려야 한다고 생각하고 자신의 이론을 주장했습니다. 결과는 생각했던 대로 그에게 가르침을 받은 일부 학생을 빼고는 대다수의 사람들은 그의 학설을 믿지 않았고 무거운 것이 가벼운 것보다 빨리 떨어진다는 사실은 상식이라며 그를 비웃고 욕설을 퍼붓기도 했습니다.

낙체 실험

그래서 갈릴레오는 피사의 사탑 8층에서 크고 작은 쇠구슬 두 개를 동시에 떨어뜨려 낙하의 법칙을 실험으로 증명해야겠다 생각했습니다. 그는 자신의 이론에 반대하는 대학 교수나 수도사, 시민들을 탑 아래 모이게 했습니다. 소문은 온 시내에 퍼져 실험 당일 구름처럼 몰려든 군중 앞에서 갈릴레오는 용맹스럽게 아리스토텔레스의 물체 낙하에 관한 이론의 오류를 지적하고 자신의 학설을 설명했습니다. 그리고 오른손에 든 큰 탄환과 왼손에 든 작은 탄환을 동시에 떨어뜨렸습니다. 두 개의 탄환은 동시에 땅에 떨어져 실험은 대성공을 거두었습니다.

오늘날 이 정도의 실험은 초등학생이라도 손쉽게 할 수 있지만 과학적 실험에 대한 관념이 전혀 사람들의 염두에 없던 당시였기 때문에 갈릴레오의 이 실험은 그야말로 획기적인 신생 과학의 출현이었습니다. 그런데 이 실험을 본 피사 대학의 속 좁은 학자들은 갈릴레오의 재능을 시기해서 그 연구를 방해하고 1591년 마침내 피사 대학에서 그를 추방시켜 버렸습니다.

천문 연구

1592년 베니스에 있는 파도바 대학의 교수가 된 갈릴레오는 밤낮으로 연구에 몰두해서 당시 코페르니쿠스가 제창했던 지동설, 즉 지구가 태양의 주위를 일정한 주기로 회전한다는 학설을 자신의 독특한 수학 이론으로 증명하려고 생각했습니다. 이것을 계기로 그는 천문 연구에 열중했고 망원경을 발명하고 천체를 관측하면서 많은 신성을 발견했습니다. 목성의 위성을 발견하거나 금성의 운행을 관찰하고 태양의 흑점을 발견한 것도 갈릴레오가 최초라고 알려져 있습니다. 그리고 1609년 파도바 대학을 떠나 페렌체 공국의 궁정 수학자가 되어 수년간 머물다가 다시 플로렌스로 떠나 궁정 천문학자가 되자 전력을 다해 천체 연구를 진행시켰습니다.

수난시대

당시 가톨릭 사상은 갈릴레오의 생각과 정반대로, 지구는 우주의 중심이며 인간은 우주의 주인공이라고 생각했습니다. 갈릴레오는 이 생각에 정면으로 반대하고 "지구는 우주의 중심도 그 무엇도 아니며 태양의 주위를 회전하는 작은 행성에 지나지 않는다. 우주의 크기로 보면 인간은 이 작은 행성 위에 꼬물거리는 벌레와 같은 존재로, 만물의 영장이라는 논리는 옳지 않다."고 주장했습니다. 당연히 가톨릭교도들에게 박해를 받았고 마침내 1615년 그는 이단으로 로마교황에게 고발되어 종교재판을 받게 되었습니다.

이후에도 십수 년에 걸쳐 갈릴레오는 수많은 박해와 고난의 길을 걸으면서도 진리의 탐구에 몸을 맡겼으나, 1638년 눈이 멀게 되었습니다. 하지만 학문 연구에 여념이 없었던 그는 장님이 되어서도 연구를 계속해서 진자의 등시성을 이용해 시계를 만들려는 생각을 떠올렸고, 이것이 후년 호이겐스에 의해 실용화되는 실마리가 되었습니다. 이렇게 철두철미하게 학문 연구에 일생을 다 바친 그는 1642년 1월 8일 78세의 나이로 이 세상을 떠났습니다.

제 6 화

데카르트

해석기하학과 데카르트

좌표기하학, 즉 해석기하학을 일명 데카르트 기하학이라고 부를 정도로 좌표기하학은 데카르트(Descartes)가 창시자로 알려져 있습니다. 하지만 오늘날 우리가 배우는 해석기하학은 결코 데카르트 한 사람의 힘으로 완성된 것은 아닙니다. 일반적으로 위대한 발명이나 발견은 어느 특정한 개인이 완성하는 일은 거의 없습니다. 대부분 수많은 학자들의 다양한 연구와 그것을 하나로 집약하는 여러 차례 개량과 진보의 과정을 걸쳐 완성되는 것입니다.

특히 수학처럼 민족이나 국경을 초월한 전 인

데카르트

류에 보편적인 학문에서는 세계의 학자가 서로 힘을 합쳐 공동의 힘으로 연구하지 않으면 결코 완성될 수 없습니다.

예를 들어 이항정리의 발견자는 뉴턴(Newton)이라고 알려져 있지만, 이항정리에 관한 모든 영역이 체계적으로 정리될 때까지 많은 학자들의 노력이 바탕이 되었습니다.

처음에 뉴턴은 $(1+x)^m$에서 m이 임의의 정수일 때의 전개식을 만들어 이 이론을 발표했지만 엄밀한 증명은 밝히지 않았고, 그저 그 결과만을 나타내었기 때문에 많은 학자들이 뉴턴이 죽은 후 그것을 증명하기 위해 고심했습니다. 마침내 스위스 수학자 오일러(Euler)가 $(1+x)^m$의 m이 양수와 음수, 분수의 경우부터 무리수의 경우까지 엄밀하게 증명하였습니다. 그럼에도 m이 복소수의 경우일 때의 증명은 생각하지 못했습니다.

그런데 그 후 프랑스의 수학자 코시(Cauchy)와 아벨(Abel)에 의해서 이것이 증명되었기 때문에 그제서야 처음으로 이항정리 $(1+x)^m$가 완전히 해결되었습니다. 이것과 마찬가지로 해석기하학의 근본 요소에 해당하는 좌표의 사고법에 대해서도 데카르트가 종래의 유클리드 기하학의 정적 도형에서 벗어나 점의 운동 상태를 좌표로 나타내는 것을 고안했기 때문에 직선좌표를 '데카르트 좌표'라고 부르기도 하고 해석기하학을 '데카르트 기하학'이라고도 합니다.

하지만 이 좌표에 관해서도 기원전 그리스의 학자 아르키메데스나 소아시아의 수학자 아폴로니오스도 등이 이미 이 생각을 기하학 속에 도입한 것으로 알려져 있습니다. 그 후 '점의 운동'에 관한 연구를 시도한 많은 수학자가 있었지만 가장 정교한 방법으로 좌표를 이용해서 점의 운동을 대수학적으로 풀어내는 데 성공한 1인자가 바로 데카르트였던 것입니다.

데카르트의 약력

데카르트는 1591년 3월 31일 프랑스의 귀족 가문에서 태어났습니다. 소년시절 유대인이 관리하는 학교에서 교육을 받았는데 철학, 수학, 자연과학에 흥미를 느껴 열심히 공부했고 우수한 성적으로 졸업했습니다. 졸업 후 군인이 되기를 희망해서 처음에는 나소의 모리스 공의 군대에 들어갔다가 이어서 1618년에는 네덜란드 군대에 입대했습니다. 이후 바비에른 후국의 군대에 입대해서 30년 전쟁에 참가했고 1621년 헝가리로 떠나 시레지야, 보로냐 및 발틱 해안을 여행하기 위해 군대를 제대했습니다.

그다음 해인 1622년 프랑스로 돌아와 새로운 여장을 꾸려 스위스와 이탈리아 각지를 여행하며 많은 수학자, 철학자들과 교류한 기회를 얻었습니다. 타고난 두뇌의 소유자인 그는 곧장 학문의 사도가 되어 자는 일도 먹는 일도 잊고 수학과 철학 연구에 몰두하게 되었습니다.

위대한 수학자는 모두 위대한 철학적 재능도 함께 갖추는 경우가 많은 듯합니다. 데카르트도 수학을 단지 취미로 즐기는 것이 아니라 철학적 체계 속에서 정리하고 싶다고 생각했습니다. 1619년 보헤미아 체재 중에 '권위에 의존해 내용이 공허한 스콜라 학파'를 철저히 배척하고 수학, 특히 기하학의 논증법에 규칙을 세워, 해석과 종합에 의해 독자적인 사상 체계를 바탕으로 새로운 철학을 수립하여 근대 철학을 개척했습니다.

좌표기하학의 발명

데카르트는 천재적인 두뇌를 타고난 데다 대단한 노력가였습니다. 평생 독신으로 살면서 세속적인 생활은 학문 연구에 방해가 된다고 생각하고 자신의 존재가 세상에 알려지는 것을 극도로 피했습니다. 1628년의 네덜란드는 당시 유럽에서 자유사상이 가장 융성한 곳이었습니다. 그는 이 땅이야말로 자신의 연구에 최적의 환경이라고 생각해 이후 20년을 이곳에서 보냈습니다. 그동안에도 세속적인 영향을 피하고 자신의 존재를 드러내지 않기 위해 13번이나 이사를 했다고 합니다. 그리고 홀로 조용히 철학과 수학 및 자연과학의 연구 결과를 발표했습니다. 그중 특히 유명한 것은 1638년에 출간된 철학서 『방법서설』의 부록인 『해석기하학』입니다. 이후 계속된 연구로 1644년에 출판된 『철학원리』에서는 「데카르트의 운동법칙」과 「와동론(渦動論)」을 발표 했습니다. 또 1629년부터 1633년 사이에 쓰인 『우주론』에는 자연과학에 관한 논문이 실려 있는데 그 내용이 당시 교회를 적대시하여 국법 위반이 되었기 때문에 집필을 중지하여 미완성인 채로 남아 있습니다.

데카르트는 수학과 철학, 자연과학을 통합적으로 연구하면서 물체 운동 상태에 주목했습니다. 물체의 운동 상태를 일정한 계산식으로 바꾸어 그 변화를 추적할 수 없을까 하고 생각한 것입니다. 뉴턴이 사과가 떨어지는 것을 보고 만유인력의 법칙을 발견했다고 후세 사람들이 말하는 것처럼, 데카르트의 좌표 발견에 관해서도 다음과 같은 일화가 전해집니다.

당시 유럽에서는 전쟁이 끊이지 않아 새로운 무기가 계속 발명되었는데, 그중에서도 대포와 화약의 발달은 더욱 많은 사상자를 내게 됩니다. 13세기 무렵 처음으로 전쟁에서 대포가 쓰였을 때는 주로 적을 위협하고 전의를 상실케 하는 신경전의 도구에 지나지 않았지만 16세기에 와서는 포탄에 의한 파괴력이 승패를 결정하는 강력한 무기가 되었습니다. 따라서 탄환이 날아가는 궤도, 즉 탄도 연구에 따라 어떻게 하면 적의 진지나 요새를 효과적으로 공격할 수 있는가 하는 점이 당시 군인과 과학자들 사이에 주어진 중요한 과제였습니다. 물론 데카르트도 이 연구에 밤낮으로 몰두했습니다.

그러던 어느 날 병으로 요양하기 위해 병원 침대에 누워 있다가 문득 천장을 보니 거미 한 마리가 바쁘게 천정을 이리저리 기어 다니는 것이 보였습니다. 거미는 잠시 후 가는 실을 늘어뜨리고 천정에 매달려 있었습니다. 그는 이 거미의 운동과 탄환의 날아가는 상태를 비교해 시간과 공간의 상호 관계에서 함수에 대한 힌트를 얻었습니다. 이것을 계기로 훗날 좌표기하학을 발견하게 됩니다. 그런데 데카르트는 처음 연구 결과를 발표할 당시 좌표기하학의 근본원리는 물론 새로운 방식에 대해서 아무 해설도 덧붙이지 않았습니다. 따라서 데카르트의 기하학을 처음 배우는 사람들은 매우 어려워 연구하는 데 상당히 고생을 했다고 합니다.

데카르트 본인도 이런 사실을 잘 알고 있었습니다. 그는 일부러 자세한 설명을 쓰지 않은 것입니다. 데카르트가 친구들에게 보낸 편지에는 자신의 연구 과정을 설명한 뒤에 다음과 같은 이야기를 덧붙이고 있습니다.

만일 사람들이 좀 더 알기 쉽게 연구 내용을 쓴다면 잘난 척하는 사람들은 내가 쓴 사실 따위는 이미 옛날부터 알고 있었다고 비난할 것이 틀림없다.

하지만 이 용의주도한 저술 때문에 처음에 출판된 『방법서설』 속에 설명된 해석기하학은 너무 어려워서 널리 읽히지 못했습니다.

그 후 1659년이 되어 데카르트의 친구이자 대수학의 권위자인 드 본(De Beaune)이 이 책의 해설서를 출판했고 또 라이덴 공과대학의 교수이며 투시화법의 대가인 반 슈텐(Van Shooten)이 라틴어로 주역서를 출판하자 큰 반향을 불러일으켜 비로소 이 새로운 기하학을 일반 수학자들도 연구하기 시작했습니다. 그 후 수많은 수학자들에 의해 개량되어 오늘날의 좌표기하학에 이른 것입니다.

데카르트 방정식

앞서 말한 것처럼 데카르트는 평생을 수학, 철학, 자연과학을 연구하는 데 바쳤고 말 그대로 학문의 사도로 여념이 없었습니다. 1649년, 데카르트는 스웨덴 여왕 크리스티나의 초청을 받아서 스웨덴으로 건너갔습니다. 그곳에서 관리들과 일반 시민들에게 상당한 존경과 대우를 받으며 프랑스 공사관에 숙소를 정하고 연구에 정진했습니다. 하지만 허약한 체질 때문에 추운 북쪽 나라의 풍토 때문에 폐렴에 걸려 1650년 2월 11일 돌아오지 못할 사람이 되었습니다.

데카르트는 탄도에 대해 여러 실험을 한 뒤 탄환을 일정 각도에서 발사할 때 x초간에 y피트의 높이로 올라간다고 가정하여 y와 x사이의 독자적인 관계식을 구하고, 스스로 이 포물선을 데카르트 방정식이라고 불렀습니다. 또 x, y의 방안(方眼)을 '데카르트 눈금'이라고 이름붙이고 여러 가지 그래프를 만들었습니다.

한편으로, 데카르트는 곡선에 접선을 긋는 방법을 열심히 연구했던 것 같습니다. 그 하나로 곡선 위의 매우 근접한 두 점에서 이 곡선과 만나는 원을 생각했고 이 원에 접선을 긋는 방법을 알아냈습니다. 당시로서는 뛰어난 발견이었습니다. 또 알파벳의 문자 a, b, c …… 로 정수를 표시하고 마지막의 문자 x, y, z로 변수를 나타내는 관습을 만든 것도 데카르트라고 합니다.

데카르트 이전까지 유럽에는 음수가 잘 알려져 있지 않았습니다. 당시 음수란 작은 수라든지, 부조리한 수, 또는 가상적인 수 등으로 생각되었지만, 데카르트는 정확하게 그 성질과 용법을 제시하였습니다. 예를 들면 옛날 인도인은 일찍부터 음수를 일직선상의 반대 방향으로 나타내거나 정수를 재산, 음수를 빚으로 예를 들어 교묘하게 이것을 설명했습니다. 하지만 유럽에서는 데카르트 이후에도 음수에 관한 잘못된 생각이 몇 번이나 나타났습니다. 19세기 중엽까지도 학교 수학에서 음수에 대해 정확한 교육이 이루어지지 않았던 것입니다.

제 7 화

페르마의 정리

페르마의 정리

기하학의 3대 난제로 유명한 각의 3등분은 초등기하학의 작도법으로는 풀 수 없다는 사실이 증명되었습니다. 그러나 그보  다 더 불가사의한 난문이 생겨나서 수학계에 커다 란 파문을 던져 마침내 1908년 6월 독일 수학연합 회는 회보에 다음과 같은 현상 문제를 발표하기에 이르렀습니다.

페르마

n이 2보다 클 때 $x^n + y^n = z^n$를 만족하는 x, y, z의 정수값은 존재하지 않는다는 사실을 증명하라.

그리고 "이 해답을 찾은 사람에게는 상금 10만 마르크를 수여하며, 응모
기간은 2007년 9월 13일까지."로 되어 있습니다. 언뜻 보면 쉬운 문제처
럼 보이지만 실로 공전의 난문으로 세상에서 페르마의 정리 혹은 페르마
의 최종 정리라고 불리며 전 세계의 수학자가 앞 다투어 이 난문에 도전했
습니다. 이 문제의 유래는 다음과 같습니다.

페르마에 대해

프랑스의 수학자 페르마(Fermat)는 1601년 12월 8일 프랑스의 한 작은
마을에서 가죽 상인의 아들로 태어났습니다. 그는 변호사가 되었지만 '디
오판토스의 수론'은 그의 천재성을 자극하여 정수론을 연구하게 하였습니
다. 마침내 페르마는 근대 정수론의 도서를 열고 이어서 아폴로니오스의
원추곡선론을 연구하여 해석기하학의 선구를 이루었습니다. 뒤이어 접선
법, 극대극소의 이론, 곡면체의 구적법을 연구해서 미적분학의 기초를 세
웠으며 특히 그리스 수학의 부흥에 위대한 공적을 남긴 세계 수학사의 걸
출한 대학자입니다.

정리의 유래

그런데 페르마는 상당히 특이한 성격의 인물로 자신이 연구한 내용을 결
코 책이나 논문으로 발표하려고 하지 않았습니다. 단지 자신의 노트에 적
어 놓거나 혹은 친구들과 주고받는 편지 속에서 적어 놓는 정도였습니다.

그의 생전 또는 사후에 걸쳐 많은 중요한 정리를 수학자들이 연구되고 증명되었지만 위에서 말한 문제도 페르마가 디오판토스의 논문을 라틴어로 번역할 때 피타고라스의 정리에 관련해서 "$x^2+y^2=z^2$에 알맞은 x, y, z의 정수값은 무수하게 많지만 n이 2보다 큰 수에 대해서는 $x^n+y^n=z^n$에 적당한 정수값은 존재하지 않는다."라고 기술하고 노트 한 구석에 작은 글씨로 "이 증명을 설명하기에는 빈칸이 너무 좁다."라는 유명한 몇 마디 말을 남겼을 뿐입니다. 그가 죽은 뒤 이 노트가 발견되어 당시 수학계에 커다란 소동이 일어났습니다.

학자의 연구

페르마의 정리는 그가 죽은 후 300년이 되어가는 오늘날까지, 전세계의 수학자들이 피나는 연구를 했지만, 해결되지 못한 채 다른 미해결 문제들과 함께 '20세기의 난제'로 불려져왔습니다. 하지만 1994년 영국의 수학자 앤드류 와일즈(Andrew wiles)에 의해 마침내 증명되기에 이르렀습니다.

과연 이 정리는 페르마의 상상에서 나온 것으로 페르마 자신은 증명하지 못했던 것은 아닐까요? 그렇지는 않은 듯합니다. 그가 노트에 기록해 놓은 것이나 친구와 주고받은 편지에 써 놓은 다른 많은 문제나 정리는 많은 수학자들에 의해서 멋지게 증명되었고, 또한 그가 남긴 메모로 볼 때 이 정리가 가공의 문제가 아니라는 점과 이 문제를 페르마 자신이 증명했다는 것은 의심할 여지가 없는 것으로 추측됩니다. 그렇다면 이 페르마 야말로 동서고금을 통틀어 수학의 대천재라고 할 수 있을 것입니다.

연구의 부산물

그가 죽은 후 약 100년, 오일러는 n이 3, 혹은 4의 배수일 경우만을 증명했고, 또 100년이 지나 르장드르(Legendre)는 n이 5 및 그 배수 일 때, 1832년에는 디리클레(Dirichlet)가 n이 14 및 그 배수일 때, 또 1840년에는 라메(Lame)가 7의 배수일 때를 증명했지만, n이 임의의 정수일 경우에 대해서는 아무도 증명하지 못했습니다.

디리클레와 같은 시대의 독일 수학자 쿰머(Kummer)가 n이 100이 하의 소수 및 그 배수의 경우에 대해 이것을 증명하고 또 n이 100이상 의 많은 소수 및 그 배수의 경우도 증명하는 데 성공했지만 n이 일반 정수일 경우는 결국 증명하지 못했습니다.

하지만 쿰머는 이 연구의 부산물로서 이상수의 정리를 발표해서 수 학계를 놀라게 했습니다. 이처럼 많은 수학자들에 의해 일부분이 단편 적으로 증명되었음에도 불구하고 n이 임의의 정수인 일반 증명은 근대 까지도 발견되지 않았습니다.

하지만 이 정리가 진정한 사실이라는 점은 아무도 의심할 여지가 없 습니다. 이 문제는 드디어 수학계의 큰 문제가 되었기 때문에 마침내 1850년 파리 학사원은 현상금 3,000프랑을 걸고 해법을 모집했습니다.

응모자는 무수히 많았지만 완전한 해답은 없었고 끝끝내 수상자는 나오지 않았습니다.

1853년 다시 한 번 모집을 시도했지만 여전히 정답자는 나타나지 않았고 절망적인 상태에 빠졌습니다. 그 후 50년이 지나 독일의 상인이자 수학자인 볼프스켄(Walfsken)이 이 문제를 열심히 연구하다가 결국 해답을 찾지 못하고 세상을 떠났는데, 그가 남긴 유언에 따라 유산 중 10만 마르크를 괴팅겐 왕립과학협회에 위탁해서 이 유명한 정리의 해답자에게 증정하게 되었습니다. 이 사실은 1908년 6월 연합회보에 정식으로 발표되었습니다.

이 보도가 전 세계 신문에 실려 전해지자 해답이 산처럼 쇄도하고 심사하기에도 곤란할 지경이었습니다. 결국 나중에는 조건을 붙여서 응모 논문은 반드시 인쇄해서 출판된 것으로 제한하고, 출판 후 2년이 지나지 않은 것은 받아들이지 않겠다고 결정했습니다 또한 응모기한을 2007년 9월 13일로 정하고 그 기한까지 정답자가 없을 경우 자연 소멸하기로 했습니다. 결국 와일즈에 의해 완벽하게 증명되었지만 증명 그 자체보다 더 중요한 것은 이 난문 연구로 인해 정수론을 비롯한 수많은 수학의 새로운 분야가 개척되었고, 근대 수학의 발달을 위한 다수의 수확을 얻을 수 있었다는 사실입니다. 어느 수학자의 말에 따르면 이 정리에 관한 논문을 전부 모은다면 대규모 도서관이 가득 찰 정도라고 합니다.

제 8 화

파스칼은 생각한다

인간은 생각하는 갈대이다

인간은 진실로 연약한 존재로 게다가 그 운명 또한 진정으로 덧없는 것입니다. 마치 바람에 흔들리는 강변의 갈대와 같은 가련한 존재에 지나지 않습니다. 하지만 인간은 사고, 창조의 능력을 가진 위대한 생물입니다. 이 능력이야 말로 인간이 지구 상의 모든 생물들과 자연, 더 나아가 우주의 법칙을 이해하고 발달된 문명을 창조할 수 있게 만든 힘입니다. 그래서 "인간은 생각하는 갈대이다."라는 명언이 태어났습니다.

이 명언을 만들어 낸 사람이 바로 천재 수학자 파스칼입니다. 그러면 파스칼은 도대체 어떤 인물이었

파스칼

을까요? 또 어떤 업적을 남겼을까요? 본론으로 들어가기 전에 기하학과 파스칼에 관련된 몇 가지 유명한 이야기를 해 보겠습니다.

파스칼의 정리

오른쪽 그림은 임의의 각을 3등분하는 데 사용하는 기구로 파스칼이 고안한 것으로 알려져 있습니다.

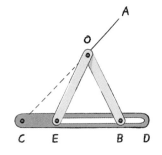

또 아래의 정리와 그림은 파스칼의 육각형으로 불리는 것으로 기하학에서는 유명한 정리의 하나입니다.

원에 내접하는 임의의 육각형을 ABCDEF라고 한다. 세 쌍의 대변 AB와 DE, BC와 EF, CD와 FA의 연장 교차점을 각각 P, Q, R이라고 할 때, 이 세 점 P, Q, R은 일직선 위에 있다.

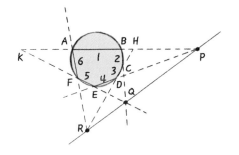

이것은 파스칼이 불과 16살이었을 때 발견한 정리입니다. 파스칼은 원만이 아니라 타원이나 포물선, 쌍곡선, 다시 말하자면 원추곡선이라면 무엇이든지 위의 정리

가 성립한다는 사실을 증명하였습니다. 이 육각형을 '파스칼의 신비한 육각형'이라고 부르며 직선 PQR을 '파스칼 선'이라고 부릅니다.

일생

파스칼(Blaise Pascal)은 1623년 6월 16일 프랑스의 중부 클레르몽 페랑의 명문가에서 태어났습니다. 아버지는 에티엔느 파스칼(Etienne Pascal)이라는 수학자였는데 파스칼이 태어나서 얼마 되지 않아 어머니가 세상을 떠났기 때문에 그는 아버지 밑에서 성장했습니다. 아버지는 자식의 교육에 관심이 많아 시골에서는 충분히 교육할 수가 없다고 생각하고 파스칼이 네 살 때 일부러 파리로 이사를 했습니다. 그런데 천재란 불가사의한 것으로 파스칼은 예닐곱살 무렵부터 아버지 옆에서 아버지가 열심히 연구하는 기하학 책을 바라보면서 이것은 무슨 그림인가, 이것이 무엇이 되는가 하고 꼬치꼬치 캐물었습니다. 아버지는 너무 어릴 적부터 학문 이야기를 하는 것은 교육상 좋지 않다고 생각해서 간단히 "이것은 기하학으로 사물의 형태를 연구하는 학문이란다."라고만 대답했습니다. 파스칼은 이에 만족하지 못하고 계속해서 질문을 퍼부었습니다. 아버지는 걱정이 되어 파스칼의 눈에 띄지 않도록 자신의 수학책을 모두 감추고 다른 재미있는 이야기가 쓰인 위인전 등을 읽어 주었습니다.

하지만 파스칼은 아버지 몰래 기하학 책을 열심히 읽고 정원의 대리석에 이런 저런 삼각형이나 원을 그리면서 혼자 놀았습니다. 그러는 사이 점점 기하학에 흥미를 느끼게 되었고 12살 때 문득 삼각형의 외각은 두 개의 내대각의 합과 같다는 사실을 깨달았습니다. 모든 삼각형의 세 개의 내각의 합은 두 직각과 같다는 정리를 스스로 발견했기 때문에 크게 기뻐하며 아버지에게 달려갔습니다. 그러고는 "어떤 삼각형이라도 세 개의 내각의 합은 모두 같다."고 말하며 그 이유까지 정확히 설명하자 아버지는 아들의 비범한 재능에 그저 놀랄 뿐이었습니다.

이후 부친은 파스칼이 범상한 아이가 아니라는 사실을 깨닫고 또 동시에 장래 수학으로 크게 성공하리라고 생각해서 우선 유클리드의 기하학 책을 읽어 보라고 권하였습니다. 파스칼은 그때부터 누구의 가르침도 받지 않고 혼자서 차례차례로 연구를 진척시켜 마침내 14살이 되어서는 기하학에 관한 각종 문제에 흥미 있는 해답을 내놓아 전문가들을 놀라게 했습니다.

파스칼의 6각형

같은 시기(1631~1638) 파리의 메르센느 목사의 집에서 매주 한 번씩 데자르그(Desargues), 호이겐스(Huygens), 로베르벨(Roberval) 등 수학, 이과, 철학 분야에서 유명한 여러 학자가 모여서 새로운 연구를 발표하는 모임이 있었습니다. 14살의 소년 파스칼은 아버지의 손에 이끌려 이 모임에 참석하게 되었습니다. 파스칼은 대가들의 연구 발표를 듣거나 자신의 연구 결과를 발표하는 한편 수학의 대가인 데자르그, 호이겐스 등으로부터 직접 지도를 받는 기회를 얻을 수 있었습니다. 그 덕분에 그의 천재성은 놀랄 만한 속도로 향상되었습니다.

파스칼의 신비의 육각형에 관한 유명한 정리는 실로 그가 16살(혹은 17살) 때 발견한 것으로 데자르그에게 큰 영향을 받은 후 완전히 그의 독자적인 방법으로 이것을 완성한 것입니다. 어느 문헌에 따르면 당시 기하학의 대가였던 데카르트조차도 파스칼의 이 논문을 보고 이런 사람이 16, 17살 난 꼬마일 리가 없다고 믿지 않았다고 합니다.

이 파스칼의 정리는 원추곡선에 내접하는 육각형의 문제이지만 이것이 도화선이 되어 각종 원추곡선론으로 발전했습니다.

파스칼의 원리

파스칼의 기하학의 일부 연구에만 몰두한 것이 아니라, 그의 두뇌와 활동은 다방면의 연구에 걸쳐 예리하게 작용했습니다.

물리학에서 유명한 '파스칼의 원리'는 1646년 토리첼리(Torricelli)의 실험에서 힌트를 얻은 후 유체물리학에 흥미를 느끼고 스스로 각종 기계를 고안해서 다양한 실험을 시도한 결과입니다.

파스칼의 원리란 "밀폐된 용기 안에서 정지되어 있는 유체의 한 점에 압력을 늘리면 유체 안에 있는 모든 점의 압력은 그 크기만큼 증가한다."라는 것입니다. 이 원리는 1656년 발견했다고 합니다.

위인과 재능

세상에서 위인이라고 불리는 사람들은 두 타입으로 나눌 수 있습니다.

하나는 태어나면서부터 비범한 재능을 가진 이른바 천재형 인간입니다. 반면에 어릴 적에는 평범하고 눈에 띄지 않는 아이였지만 어떤 계기를 만나 자극을 받고 스스로 그 일에 뛰어들어 온힘을 다해 목적을 이루어 내는 노력형 인간도 있습니다. 수학계의 위인을 이 두 타입으로 나누어 보면 페르마, 갈루아(Galois), 라이프니츠(Leibniz), 오일러 등은 천재형 위인이며, 뉴턴, 라그랑주, 슈타이너(Steiner), 아벨, 바이어슈트라스(Weierstrass) 등은 모두 노력형 위인입니다.

그런데 파스칼은 이 두 타입을 하나로 합친 사람이라고 할 수 있습니다. 천부적인 수학적 재능으로 미처 20살도 되기 전에 전문미답의 새로운 분야를 개척할 정도로 지혜가 뛰어났으면서도 학문에 대한 열정이 매우 깊어 단지 수학뿐만이 아니라, 물리학, 철학, 종교에까지 새로운 경지를 창조하고 성과를 올렸습니다. 이는 비단 수학계뿐만이 아니라 세계 사상계에서도 희귀한 사례라고 할 수 있습니다.

파스칼의 삼각형

여러분은 이항정리란 말을 들어본 적이 있겠죠?

$(a+b)^n = {}_nC_0 a^n + {}_nC_1 a^{n-1} b + {}_nC_2 a^{n-2} b^2 + \cdots\cdots + {}_nC_n b^n$ 에서 n을 1, 2, 3, $\cdots\cdots$ n으로 하면 다음과 같은 식이 됩니다.

$$(a+b)^0 = 1$$
$$(a+b)^1 = a+b$$
$$(a+b)^2 = a^2+2ab+b^2$$
$$(a+b)^3 = a^3+3a^2b+3ab^2+b^3$$
$$(a+b)^4 = a^4+4a^3b+6a^2b^2+4ab^3+b^4$$
$$(a+b)^5 = a^5+5a^4b+10a^3b^2+10a^2b^3+5ab^4+b^5$$

···

여기서 a, b 문자를 지우고 계수(係數)만을 쓰면 오른쪽처럼 삼각형 모양이 만들어집니다.

파스칼은 이 숫자의 배열을 발견하고 '파스칼의 삼각형'이라고 불렀답니다.

팡세

원래 수학과 종교는 전혀 관계가 없는 것처럼 보이지만 사실은 수학도 종교도 그 근본으로 올라가 보면 궁극적인 이념에서는 같은 원리라는 것을 알 수 있습니다. 그래서 옛날부터 유명한 수

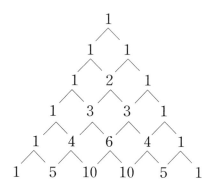

학자 중에는 종교에 대한 신앙이 두터운 사람이 상당히 많았답니다. 아르키메데스, 플라톤, 소크라테스, 탈레스(Thales) 등은 말할 것도 없고 뉴턴이 말년에 성서의 예언서를 연구하는 데 열중했다는 사실이나 피타고라스가 극단적인 신비주의에 빠졌던 것이 대표적인 예입니다.

파스칼도 수학이나 물리학 연구에 몰두하다가 전부터 믿었던 얀센교에 심취해서 한때 수학 연구를 중단하고 얀센파의 포르루아얄 수도원에 들어가 종교계에 몸을 맡기고 여생을 보내려고도 했습니다. 하지만 파스칼은 타고난 연구열과 종교적 사색을 통해 프랑스 문학의 보물이라고 일컬어지는 명저 『팡세(명상록)』를 저술하게 됩니다.

그 후의 연구

한때 신앙생활에 몸을 던졌던 파스칼은 타고난 수학, 물리학에 대한 연구열 때문에 1653년 다시 수학 연구에 몰두하게 됩니다. 앞서 설명한 파스칼의 삼각형이나 확률론의 연구 등도 모두 그가 수도원을 나온 뒤에 연구한 것입니다. 특히 파스칼은 확률론의 연구자로 페르마와 함께 그 이름이 가장 잘 알려져 있습니다. 이에 대해서는 다음과 같은 에피소드가 있습니다.

파스칼이 1649년 루앙에서 관직에 취직해 1654년 파리에 돌아갈 때까지 친분을 유지하던 친구 드메레가 다음과 같은 문제를 냈다고 합니다.

"친구 둘이서 주사위를 다섯 번 던져 게임을 했을 때, 게임이 끝나기 전에 중지할 경우, 상금을 어떻게 분배하면 좋을까?"

보통 사람이라면 이런 문제는 조금 생각하다가 웃고 넘겨 버리겠지만, 파스칼은 여러 각도에서 이런 종류의 문제를 연구해서 확률론을 창안하게 되었다고 합니다.

또 파스칼은 사이클로이드(Cycloid)를 열심히 연구해서 다양한 곡선의 넓이나 회전체의 체적을 구하는 여러 문제의 해결을 구했습니다. 아래 그림은 그 중 하나로 1658년 7월에 다음과 같은 문제와 그 해답을 생각해 냈습니다.

(Ⅰ) 하나의 사이클로이드 절단면 APM의 넓이와 중심을 구할 것
(Ⅱ) APM이 AM 혹은 PM의 둘레를 회전할 때 넓이와 중심을 구할 것
(Ⅲ) 그 회전체의 겉넓이를 계산할 것

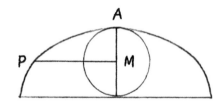

당시 이런 종류의 문제는 난문으로 여겨졌기 때문에 파스칼은 익명으로 현상 문제로 내걸고 기한은 1658년 10월 1일까지로 했습니다. 그리고 만일 그 기한까지 해답이 나오지 않는다면 제출자 자신이 해답을 발표하기로 했습니다.

이 문제는 전 유럽에 널리 알려져 너도 나도 해답을 찾으려 애썼지만 쉽

게 풀리지 않았습니다. 마지막에 라벨과 월리스 두 사람이 해답을 구했지만 모두 정답이 아니었기 때문에 파스칼은 자신의 정답을 발표했습니다. 훗날 월리스는 다른 연구에서 이 문제의 정답을 발표했다고 합니다.

월리스(Wallis)는 뉴턴과 거의 같은 시대의 대수학자로 처음에는 케임브리지의 임마누엘 칼리지에서 신학을 배웠지만 물리학, 수학에 뛰어난 재능이 있어 왕립협회 창설자가 되었으며, 옥스퍼드 새빌리언 기하학 교수로 활약하고 평생 그 직책에 있었던 유명한 사람입니다.

이상 파스칼의 업적을 살펴보았지만, 그는 어릴 적부터 비범한 천재성을 지녔고, 왕성한 연구력을 가지고 수학, 물리, 종교에 획기적인 업적을 남겼습니다. 하지만 평생 병약한 체질 때문에 고생했으며 과도한 연구로 19살 때에는 폐질환에 걸리고 말았습니다. 생명이 얼마 남지 않았다고 생각하여 한때 수학 연구를 중지하고 수도원에 들어간 적도 있습니다. 건강이 회복되자 다시 수학계로 돌아왔지만 1662년 39세의 나이로 아쉽게 이 세상을 떠났습니다.

제 9화

과학의 신으로 추앙되었던 뉴턴

일생

아이작 뉴턴(Isaac Newton)은 1642년 12월 25일 영국의 시골 링컨셔의 울즈소프라는 농촌에서 태어났습니다.

아버지 아이작은 얼마 되지 않은 농지를 경작해서 소박한 생활을 이어나갔는데, 뉴턴이 아직 어머니 뱃속에 있을 때 세상을 떠났습니다. 뉴턴은 아버지 얼굴도 보지 못한 채 어머니의 손에서 자라다가 두 살 무렵 어머니가 목사 버나바스 스미스와 결혼해서 그 슬하에서 자라게 되었습니다.

고향 울즈소프 근처의 초등학교를 다니기 시작했지만 굉장히 게을러서 결석하기 일쑤였고 성적도 반에서

뉴턴

아래를 밑돌았다고 합니다. 그러던 어느 날 학교에서 성적이 좋은 친구들에게 괴롭힘을 당한 후에, 오기가 생겨 마음을 고쳐먹고 열심히 공부하기 시작했습니다. 성적은 쑥쑥 향상되어 마침내 반에서 일등을 하게 되었습니다.

14살 때 의붓아버지 스미스가 세상을 떠나자 그는 가족과 함께 고향으로 돌아와 학교를 중퇴하고 집안을 위해 농사일에 전념했습니다. 그러던 중 동네 목사 윌리엄스 아이스코프라는 사람이 뉴턴의 비범한 재능을 발견하고 어머니를 설득해서 자신의 모교인 케임브리지 대학 트리니티 칼리지에 입학시켰습니다. 1671년 뉴턴이 18세 되던 해였습니다.

학창 시절

뉴턴은 어릴 적부터 기계 만지기를 좋아해서 풍차나 물시계, 사륜차를 만들거나 여러 기계 모형을 고안하기도 했습니다. 어느 날 케임브리지 대학 근처의 야시장에서 산 점성학 책을 읽은 후 구면삼각형이나 기하학에 소질이 없는 사람은 천체에 대해서는 아무것도 알 수 없다는 사실을 깨닫고 케임브리지 대학 기하학 권위자인 버로우교수 밑에서 수학 연구를 시작했습니다.

뉴턴이 처음 일반 학생이 읽는 유클리드 기하학 책을 보았을 때 삼각형의 합동정리나 평행선의 성질, 상사이론 등 상식 이상의 내용은 아무것도 없다고 느껴 데카르트의 좌표기하학을 연구하려고 했습니다. 하지만 엄밀한 이론에 부딪히면 언제나 기하학의 기초 지식이 부족하여 좀처럼 앞으로 나아갈 수 없었습니다. 그 후 1664년 트리니티 장학금을 받는 선발 시험에서 기하학 성적이 너무 나빠 버로우 교수에게 주의를 받자 다시 유클리드 기하학으로 돌아가 초등기하학 체계를 충분히 공부하고 그 묘미를 느꼈다고 합니다.

뉴턴이 대학 재학 중에 적은 수첩이 아직 남아 있는데 그 일부에는 각의 등분법이나 곡선형의 넓이를 구하는 일, 각종 음계(音階)의 계산, 월리스의 무한산법에 대한 주석, 기타 다수의 수학 문제의 해답이 실려 있다고 합니다.

대학 시절에는 오직 과학(주로 광학)과 수학 연구에 집중해서 23세 때 학사 학위를 취득하고 26세 때 최고 학위인 마스터의 칭호를 받아 다음해 은사인 버로우 교수의 뒤를 이어 케임브리지 대학의 교수가 되었습니다.

미적분의 발견

이보다 먼저 1665년과 1666년, 2년간에 걸쳐 페스트가 유행해서 대학이 휴교하게 되었습니다. 뉴턴은 고향으로 돌아와 광학과 수학 연구에 전념했습니다. 그동안 뉴턴은 그의 3대 위업이라 불리는 다음의 연구를 완성했습니다.

빛의 스펙트럼 분석, 만유인력의 법칙, 미적분법의 단서 또 이 앞뒤로 이항정리를 발견하고 이에 관련된 무한급수에 관한 각종 정리도 발견했습니다.

이 미적분학의 발견은 세계 수학사에 길이 남을 대업적이지만 신기하게도 뉴턴과 거의 같은 시기에 독일의 라이프니츠도 미적분 계산법을 발견했습니다. 때문에 이 대발견을 두고 영국인들은 뉴턴이 창시자라고 주장하고 독일인들은 라이프니츠가 발견자라고 주장하며 긴 분쟁을 하게 됩니다. 한편으로는 이 대발견이 서로 다른 나라 사람에 의해 거의 동시에 이루어졌다는 것은 기적이라고 할 수 있습니다.

뉴턴은 원래 그 위대한 천재성에도 불구하고 사회적으로나 과학적으로 자신의 명성을 위해 연구 결과를 세상에 발표하는 것을 극도로 꺼렸던 사람입니다. 그가 케임브리지 대학에서 첫 번째로 강의한 「광학에 관한 논문」이 정리되어 1672년에 왕립협회에서 발표되자 찬반 양론으로 여론이 들끓었습니다. 하지만 그는 학문 연구 이외에는 관심이 없었고 여론에 휘말리는 것을 너무나 싫어해서 이때 이후 자신의 연구를 두 번 다시 세상에 발표하지 않겠다고 결심했다고 합니다.

이에 대해 그는 1675년 친구에게 보낸 한 통의 편지에 이렇게 쓰고 있습니다.

"나는 내 빛의 이론이 일으킨 논쟁에 정말 고민하고 있습니다. 이 때문에 오늘날까지 하늘의 은혜라고 생각한 나의 안정된 마음이 모두 무너지고 말았습니다. 연구를 발표한 내 경솔함이 정말 후회됩니다."

또 그다음 해 친구에게 보낸 편지에도 그 일을 신경 쓰고 있는 듯 다음과 같이 쓰여 있었습니다.

"나는 지금까지 과학의 노예처럼 연구해왔어. 만일 이후 이 연구를 계속한다면 그것은 그저 내 자신만의 만족을 위한 것일 거야. 그렇지 않으면 내가 죽은 뒤 연구 결과를 자네가 발표하는 경우를 빼고는 영원히 과학과 이별할 생각이야. 어찌되었든 난 새로운 연구를 세상에 공표하지 않으리라 결심하든지 아니면 세상에 발표해서 과학의 노예로 사는 것을 감수하든지 그 어느 쪽으로든 결심하지 않으면 안 될 거야."

이 편지에서 알 수 있듯이 뉴턴은 새로운 연구를 세상에 공표하여 파문이 이는 것을 극도로 싫어했기 때문에 1665~1666년에 고향으로 돌아와 연구를 지속하고 1669년 무렵까지 광학 및 수학에 관한 놀라운 연구를 완성하게 됩니다. 하지만 그 내용을 발표하지 않았기 때문에 그 결과가 세상에 알려진 것은 아주 훗날의 일입니다. 따라서 미적분의 발견도 발표할 때까지 상당한 시간이 걸렸다는 것을 알 수 있습니다.

뉴턴은 모든 물체가 어떤 높은 곳에서도 항상 지면을 향해 낙하하는 성질을 지녔다는 사실로부터 달이 지구의 주위를 일정한 궤도를 따라 운행하는 것도 이것과 완전히 동일한 성질 때문으로 추측했습니다. 여기에서 출발해서 천체 운행에 관한 완전히 새로운 연구를 이뤄내고 마침내 뉴턴의 퍼텐셜, 즉 만유인력의 법칙을 발견했습니다. 이것은 여러분이 물리에서 배운 것처럼 "두 개의 물체는 질량의 제곱에 비례하고, 거리의 제곱에 반비례하는 힘을 가지고 서로를 끌어당긴다."는 이론입니다.

위대한 업적들

뉴턴은 케임브리지 대학에서 20여 년이란 긴 세월 동안 수학, 광학, 천문학에 관한 강의를 하는 한편 열심히 연구해서 놀라운 성과를 이루어 냈습니다.

만유인력에 관한 뉴턴의 사상은 대학 시절 울즈소프에 있었을 때 생각해 낸 것으로 알려져 있습니다. 그 유명한 사과 이야기는 볼테르가 쓴 책을 통해 후세에 전해졌다고 합니다. 뉴턴의 조카인 캐서 바튼이 뉴턴의 사과 이야기를 볼테르에게 이야기한 것으로, 볼테르가 그 이야기를 책에 썼다고 하는데 이 이야기가 사실인지 아닌지는 물론 알 수 없습니다.

이 일화로 인해 유명해진 사과나무는 1820년까지 기념수로 소중히 보호되었고 그 나무가 수명을 다 한 뒤에도 잘려서 정중히 보관중이라고 합니다.

뉴턴이 발견한 만유인력의 법칙이란 두 물체간의 거리를 r이라고 하면 인력의 크기

$$F = G\frac{m_1 m_2}{r^2} \text{ 로}$$

$$r = \sqrt{(x-x_1)^2 + (y-y_1)^2 + (2-2_1)^2}$$

여기서 m_1, m_2는 두 물체의 질량, (x, y, z), (x_1, y_1, z_1)은 두 물체

의 위치좌표를 나타내고 G는 만유인력 상수라고 불립니다.

이 법칙을 이용해서 뉴턴은 달의 운동에서 역제곱의 법칙을 입증하고 또 모든 물체에 초점을 향하는 힘이 작용하며 타원의 궤도를 그린다면 그 힘은 거리의 제곱에 반비례하지 않으면 안 된다는 점을 증명했습니다. 또 이런 힘에 의해 운동하는 물체는 타원(일반적으로는 원추곡선)을 그릴 것이라는 상당히 중요한 법칙을 발견해서 이것을 당시 천문학계의 일인자로 불리던 에드먼드 핼리(Edmond Halley)에게 보고했습니다.

1686년 4월 12일, 핼리는 왕립협회에서 『중력과 그 특성에 관한 그의 논문』을 발표해서 다음과 같은 소감을 발표했습니다. "존경하는 동료 아이작 뉴턴 씨는 운동에 관한 중대한 논문을 쓰고 이제 곧 발표를 준비하고 있습니다. …… 뉴턴 씨는 역제곱의 법칙을 근본 원리로 해서 모든 천체 운동을 해명하고 거의 논의의 여지가 없을 정도로 완벽한 이론을 정리했습니다."

나중에 여러분은 물리학을 공부하다가 '뉴턴 역학'에서 뉴턴 운동의 3법칙을 배우게 될 텐데요, 그 세가지 법칙은 다음과 같습니다.

제1법칙 : 정지한 물체, 혹은 등속직선운동을 하는 물체는 그 상태를 지지하기 위해 외부로부터 힘을 받지 않는 한, 모두 원상태와 같은 상태가 영원히 지속된다(관성의 법칙).

제2법칙 : 운동하는 물체의 변화는 힘의 작용에 비례하고, 그 힘이 작용하는 직선 방향으로 변화가 일어난다(운동의 법칙).

제3법칙 : 같은 역학계에 속한 두 물체가 서로 영향을 주고받는 힘은 크기가 같으며 방향은 반대이다(반작용의 법칙).

참고로 뉴턴역학은 19세기 말에 이를 때까지 어떤 변경도 없이 운동에 관한 근본 원리로 생각되었습니다. 그러나 토머스나 아브라함에 의한 전자역학에서 뉴턴의 운동법칙은 형식적인 변경이 필요하다는 사실이 인정되었습니다. 또 그 유명한 아인슈타인의 상대성 이론이 탄생함으로써 지금까지 믿어 왔던 시간이나 공간에 관한 개념이 근본적으로 변화되어 새로운 상대성 역학이 태어났습니다. 이에 대해 뉴턴의 역학은 고전역학이라고 부릅니다.

이상 뉴턴의 업적을 소개했는데, 『프린키피아(Principia)』를 비롯한 그의 많은 저서를 연구하고 이해하는 데 당시의 저명한 수학자, 물리학자들이 총동원되었음에도 불구하고 반세기 이상의 세월이 필요했다고 하니 그의 천재성에는 감탄할 따름입니다.

만년

여러분은 어릴 적부터 아마 뉴턴에 관한 이야기를 많이 들었을 테지요. 사과 이야기는 말할 것도 없고, 너무 연구에 열중해서 계란 대신 시계를 삶았다든지, 친구를 초대해 놓고는 계산 문제에 몰두해서 식사하는 것을 잊어버렸다든지, 또는 말을 끌고 언덕을 내려가다가 책에 몰두한 나머지 말이 도망가는 것도 몰랐다든가 하는, 사실 그는 대단한 공부벌레로 그의 전기를 보면 매일 평균 18~19시간은 반드시 연구에 열중했다고 쓰여 있습니다.

그런데 만년이 되어 과도한 연구 때문인지 정신적으로 이상이 생겼고 또 신장병 때문에 거의 2년 가까이나 되는 세월을 병상에서 보내야 했습니다. 하지만 그런 와중에도 그는 연구를 중단하지 않았고, 한편으로는 신학이나 철학까지 연구했다고 합니다. 마침내 1727년 3월 20일 85세의 나이로 세상을 떠났습니다. 그는 웨스트민스터 성당에 묻혔고 1731년에는 멋진 기념비가 세워졌습니다. 그 묘비에는 다음과 같은 글이 쓰여 있습니다.

Hic Depoethm est Quod motale fnit Isaac Newton

아이작 뉴턴의 유한한 생명의 육체가 이곳에 잠들었다

뉴턴에 대한 칭송

프랑스의 대수학자 오스피탈이 뉴턴의 위업을 칭송하면서 다음과 같은 말을 남겼습니다.

"뉴턴은 보통 사람처럼 먹거나 마시거나 잠을 잘까? 그는 평범함을 완전히 초월한 신에 가까운 위대한 천재이리라."

또 라그랑주(Lagrange)는 뉴턴의 업적을 칭송해서 "인류이성(理性)의 최고최대의 소산이다."라고 말했고, 라플라스(Laplace)는 "유사 이래 모든 천재 중에 뉴턴보다 뛰어난 사람은 없으리라."고 절찬했습니다.

보통 학자는 한 가지 학문에 열중하면 자연히 편협한 성격이나 오만한 성격이 되기 쉽지만, 뉴턴은 그 점에서 보면 상당히 아름다운 성격의 소유자로 언제나 겸손하고 평온하여 한번 그를 만난 사람은 그의 인자함에 감화되었다고 합니다.

파넨 대수도승은 그를 평하여 "내가 만난 모든 인간 중에 가장 순백한 영혼의 소유자"라고 말했습니다.

또 포프의 시에는

Nature and Nature's laws lay hid in Night.

God said, Let Newton be! And all was light.

자연과 자연의 법칙은 어둠에 갇혀 있었다.

그때 신이 말씀하셨다.

뉴턴이여 나오너라! 그러자 세상이 온통 빛으로 밝아졌다.

뉴턴 자신은 스스로를 정작 무엇이라고 평했을까요?

세상 사람들은 나에 대해 어떻게 말할지 모르겠지만, 나는 그저 해변의 모래밭에서 뛰노는 무지한 아이에 지나지 않는다. 진리의 바다는 아득하게, 또 무한의 신비를 감싼 채 눈앞에 펼쳐져 있다.

제 10화

뉴턴과 선봉을 다툰 라이프니츠

　미적분의 선구자로 뉴턴의 업적을 앞서 이야기했지만, 그와 거의 같은 시대에 독일에서 나타난 라이프니츠는 독자적인 방법으로 미적분법을 고안해 냈습니다. 그 때문에 훗날 독일과 영국의 국민 사이에서는 두 명의 대학자 뉴턴과 라이프니츠의 미적분 발견을 두고 누가 먼저인지 치열한 논쟁이 전개되었습니다.

일생

　라이프니츠는 1646년 7월 1일 독일의 라이프 치히에서 태어나 1716년 11월 4일에 세상을 떠 났습니다. 아버지는 라이프치히 대학의 교수였

라이프니츠

는데 라이프니츠가 여섯 살 때 세상을 떠났기 때문에 라이프니츠는 홀어머니 슬하에서 자랐습니다.

라이프니츠는 머리가 총명하여 거의 독학으로 기초 교육을 마치고 15살 때 라이프치히 대학에 입학했습니다. 주로 법률학을 공부했는데 박식하고 다재다능하여 전공 외에도 수학, 신학, 철학, 자연과학 등 다방면에 걸쳐 흥미를 가지고 공부했습니다. 게다가 각 분야에서 독자적인 식견을 지녀 교사도 동료들도 그의 박식함에는 혀를 내두를 지경이었다고 합니다.

17살에 이미 법학 박사가 되어 알트도르프 대학교수로 초빙되었지만 연구 도중이라는 이유로 거절했습니다. 24살 때 공소원의 판사가 되어 마인츠후국의 위촉을 받아 법률 개량사업에 종사했습니다. 1672년 26살 때 마인츠 후국(候國)의 외교사절로 파리에 파견되었다가 다음 해 런던으로 건너왔습니다. 이 기간 동안 그는 당시 유명한 과학자들과 교류하면서 과학 연구에 흥미를 가지기 시작했습니다.

그는 파리에 체재하는 동안 수학의 대가 데카르트, 호이겐스 등 여러 학자들과 교제하면서 수학 연구에 상당한 매력을 느꼈습니다. 호이겐스는 네덜란드 출생의 물리학자, 천문학자로 망원경을 개량해서 토성의 고리를 연구하고, 빛의 파동설로 유명한 '호이겐스의 원리'를 수립한 대학자입니다.

고등수학에 대한 관심

라이프니츠는 이들 학자들과 교류하면서 자신도 모르는 사이에 수학 연구에 몰두하게 되었습니다. 따라서 그가 본격적으로 수학 연구를 시작한 것은 이때부터입니다. 이 무렵 호이겐스는 진자의 진동에 관한 자신의 연구를 정리한 저서를 라이프니츠에게 보냈는데 그는 열심히 이것을 연구하면서 고등수학 영역으로까지 흥미를 넓혀 갔습니다.

1673년 1월부터 3월까지 런던에 머무는 동안 우연히 그 지역 수학자인 벨과 친해져서 이 학자에게 수학 연구에 관한 수많은 가르침을 받고 난 후 그의 수학적 두뇌가 마침내 빛을 발하기 시작합니다. 그후 그는 파리로 돌아와 전력을 다해 체계적으로 수학을 연구하겠다고 결심하고 데카르트, 파스칼의 기하학을 비롯해서 각종 기하학 책들을 독파했습니다. 그동안 호이겐스는 늘 친절히 그의 연구를 지도했습니다. 그러는 동안 라이프니츠는 무한급수의 계산법에 대해 각종 연구를 시도했는데 이것을 이용해서 원주율을 구하는 새로운 급수를 발명하고 이를 호이겐스에게 제시했습니다. 그러자 호이겐스는 매우 기뻐하며 한층 그를 격려해서 연구에 정진하게 했습니다.

원래 라이프니츠는 처음부터 수학 전문가로 체계적인 교육을 받은 것이 아니라 자신의 취미로 도중에 공부를 시작했기 때문에 이것이 오히려 행운이 된 것입니다. 기존의 틀에 얽매이지 않고 자신의 독창적인 발상으로 수학의 기호나 계산 방법을 고안해 당시 수학자들로부터 호평을 받았습니다.

행렬식의 발명

우리가 일상적으로 사용하는 비례식 $a : b = c : d$ 의 방식은 라이프니츠가 발명했다고 알려져 있습니다. 또 행렬식을 그가 발명했다는 것도 1682년 베를린에서 발행된 과학잡지 『악타 에루디토룸』에 발표된 사실로 보아 분명합니다.

연립 1차방정식 $ax + by + c = 0$, $a'x + b'y + c' = 0$ 의 근은 통상적으로 $x = \dfrac{bc' - b'c}{ab' - a'b}$, $y = \dfrac{ca' - c'a}{ab' - a'b}$ 로 나타냅니다.

그런데 미지수가 세 개인 연립방정식 $a_1x + b_1y + c_1z + d_1 = 0$, $a_2x + b_2y + c_2z + d_2 = 0$, $a_3x + b_3y + c_3z + d_3 = 0$의 근이나 미지수가 네 개 이상 있는 연립방정식의 답을 구하는 일반적인 공식은 행렬식으로 구하는 것이 가장 편리합니다. 라이프니츠는 이 행렬식을 발명하고 그것으로 대단히 편리한 해법을 고안해 냈습니다.

또 라이프니츠는 파리에 있을 무렵 계산기를 발명했는데 현재 이것은 하인즈 닉스도르프 컴퓨터 박물관에 소장되었다고 합니다

독일 철학에 공헌

라이프니츠가 수학을 연구하는 동안 극한에 관한 이론에 관심을 가지게 되어 데카르트의 저서에서 힌트를 얻고 미적분학의 신천지를 발견하여 뉴턴과 거의 같은 시기에 세상에 발표했습니다.

그 후 1700년에는 그가 기획한 베를린 학사원회의 회장이 되어 독일 과학문명의 발전에 위대한 공헌을 했으며 상트 페테르부르크 학사원 창립 기획에도 많은 노력을 기울였습니다.

그는 1666년 명저 『결합술(Arts Combinatoria)』을 출간하고 보편수학의 보급에 힘썼습니다. 라이프니츠는 보통의 수학자가 아니라 철학, 종교, 과학 등 다양한 분야에 심오한 조예를 지닌 사람이었기 때문에 과학은 물론 종교나 철학, 윤리 등의 모든 문제도 수학의 논리적인 체계에 따라 해결하려고 생각했습니다. 라이프니츠는 당시 신흥사상인 단자론적 기계론과 전통 사상인 목적론의 대립을 이 새로운 수학에 입각한 역동적인 모나드(Monad, 단자) 개념으로 통일하고 단자론의 철학을 수립해서 독일 근세철학에 굳건한 지반을 쌓아 올렸습니다.

미적분학의 창시자는 누구?

오늘날 우리가 사용하는 미적분학의 기호 $\int$ 나 $\dfrac{dy}{dx}$ 등도 라이프니츠가 고안했다고 알려져 있습니다. 하지만 앞서 말했듯이 18세기 무렵 미적분은 뉴턴이 창시했다고 알려져 있고 라이프니츠는 단지 편리한 기호를 고안한 것뿐이며 원리는 뉴턴의 사상을 표절한 것이라고 알려져 있었습니다. 이에 관해서는 여러 복잡한 사정이 있습니다.

1674년까지 그의 노트를 보면 그는 이미 미적분학에 관한 해법의 일부를 적어 놓고 있습니다. 하지만 이것은 물론 학문적인 체계도 없고 근본원리의 설명도 없으며 그저 그 사상의 일부를 말한 것에 지나지 않습니다. 이것이 좀 더 정리된 형태로 1684년에 발표했지만 이보다 먼저 1676년에 그는 왕립협회에 근무하던 수학자 올덴부르크(Oldenburg)와 무한급수에 관한 자신의 연구에 대해 이야기하면서 "이 문제는 뉴턴이 이미 중요한 결론을 공표했다네."라고 이야기했습니다. 라이프니츠는 올덴부르크에게 뉴턴의 연구 논문을 가져다 줄 것을 부탁했습니다. 그 결과 1676년 6월 13일과, 같은 해 10월 24일자로 뉴턴의 편지가 올덴부르크에게 전해졌습니다.

그러나 이 편지 중 하나는 단순히 유동량 및 유동률에 관한 방정식의 일종이었으며, 다른 하나는 접선의 역문제로 라이프니츠가 이 편지에서 아무것도 얻지 못했으리라는 것은 분명합니다.

다음 해인 1677년 6월 21일, 라이프니츠는 뉴턴에게 자신의 미적분학을 설명하고 기호 dx와 dy의 용법을 소개하면서 많은 예제와 그 해법을 첨부한 편지를 보냈습니다. 그 후 뉴턴은 그의 명저 『프린키피아』의 초판에서 다음과 같이 적고 있습니다.

"10년 전 탁월한 기하학자 G. 라이프니츠와 주고받은 서간에서 나는 극대극소의 결정이나 접선을 긋는 방법 등을 자세히 알고 있음을 알렸는데, …… 이 저명한 인물은 그도 마찬가지 방법에 도달했다는 답변을 보내왔으며 용어와 기호 형식을 제외하고 나와 거의 다름없는 방법을 발견했음을 알려왔습니다."

그런데 1699년에 스위스의 수학자 파시오 드 듀일리에(Fatio de Duillier)가 왕립협회에 보고한 논문 중에서 라이프니츠는 미적분학의 사상을 뉴턴에게서 훔친 것이나 다름없다고 격렬하게 비판했습니다. 라이프니츠는 이 비난에 대해 격렬하게 항의했지만 왕립협회는 이 논문을 그다지 중요시하지 않았기 때문에 큰 파란을 부르지는 않았습니다.

논쟁의 확대와 재판

그런데 1704년 뉴턴의 『광학』이 출판되어 그 부록에 「곡선의 구적」이라는 제목으로 뉴턴의 미적분에 관한 논문이 실리자, 라이프니츠가 주재하는 잡지 「악타 에루디토룸」에 익명으로 이 논문을 비평했습니다. 스코틀랜드 수학자이며 당시 옥스퍼드 대학의 물리학 교수였던 존 케일은 1708년 "뉴턴이 발명한 유동법을 나중에 이름과 기호를 바꾸어 라이프니츠가 발표한 것은 완전한 표절이다."라고 말하며 전보다 한층 더 명료하게 뉴턴의 편을 드는 긴 편지를 왕립협회에 보냈습니다.

그러자 라이프니츠는 더 이상 이 논쟁을 무시할 수 없게 되었다고 판단하여 마침내 이 사건을 재판해 달라고 왕립협회에 제소했습니다. 곧 왕립협회에서는 위원회를 열어 이 문제를 철저하게 조사하게 되었습니다.

하지만 보통 재판과 달리 학문상의 논쟁이기 때문에 조사나 심판이 쉽지 않았습니다. 조사 자료는 대부분 뉴턴, 라이프니츠, 월리스, 콜린즈, 호이겐스 등의 사이에서 오고간 문서에 바탕을 두었으며, 그 내용이나 일자에 대해 여러 각도에서 심판하여 1712년 발행된 『왕래서간집』이라는 문서에 판정 결과를 발표하였습니다. 대체적으로 미적분의 최초 발명자는 뉴턴이라는 의미를 달고 있지만 라이프니츠가 표절했다고 판정하고 있지는 않습니다. 단 이 위원회의 분위기나 판결 문서의 내용이 라이프니츠에게 너무나 적대적인 것이었기 때문에 국제적으로 이 왕립협회의 태도를 비난하는 목소리가 높아져서 분란은 한층 더 심각해졌고 논쟁은 그 후로도 오랫동안 멈추지 않았습니다.

결론과 그 후

이렇게 해서 이 문제는 영국인과 독일인 사이의 국민 감정으로까지 이어져 논쟁은 오랫동안 계속되었습니다. 현재는 대개 다음과 같은 결론을 인정하는 분위기입니다. "미적분을 발명한 것은 라이프니츠보다 뉴턴이 앞섰지만 라이프니츠는 뉴턴보다 간편한 기호나 계산법을 사용해서 이 학문의 발달에 기여했을 뿐 아니라 그가 미적분학의 사상을 독자적인 입장에서 발전시키는 과정에서 뉴턴의 편지에서 어떤 힌트를 얻었을지는 모르지만 결코 표절하지 않았다는 사실은 명백하다. 이 대발명은 두 사람이 각각 다른 입장에서 독자적으로 발견하고 정리한 것이 틀림없다."라는 것입니다.

물론 두 사람이 미적분학을 발견했다고는 하지만 이것은 단지 발명일뿐이며 근본적인 원리와 체계가 완성해서 오늘날의 기초가 확립된 것은 한참 후의 일입니다. 오랫동안 직감적인 개념에서 출발해서 엄정하게 증명되지 않은 상태로 각종 응용 부문으로 발전한 것입니다. 그 사이 많은 수학자가 협력해서 열심히 이 문제에 착수하여 마침내 오늘날의 성과를 이루었고 신지식의 위대한 보고가 대중 앞에 공개되기에 이른 것입니다.

라이프니츠의 사후, 미적분학은 이론적 연구 부분과 그 응용 방면으로 발전 부문이 나누어졌지만, 전통 수학이 자칫 관념적이고 비실용적인 것으로 일반에서 소외된 것에 반해, 이 미적분학은 과학 문명의 전 부문에 걸쳐 무한히 응용되기 때문에 수학 역사가는 이 미적분학의 출현을 고전 수학과 현대 수학의 경계선으로 보고 있으며 지금은 수학의 실용화와 응용성에 대한 세상의 관심도 완전히 새롭게 변했습니다. 그리고 이 새로운 관점에서 수많은 수학 연구자들이 나타났습니다. 그 중에서도 야곱 베르누이, 요한 베르누이(Johann Bernaulli), 라그랑주, 라플라스 등을 비롯해 매클로린(Maclaurin), 가우스(Gauss), 드무아브르(De Moivre), 심슨(Simpson), 테일러(Taylor), 달랑베르(d'Alembert) 등의 대가에 의해서 미적분학은 점차 발전했고 완성되었습니다.

라그랑주

라그랑주의 정리

여러분은 다음과 같은 이야기를 들은 적이 있나요?

정수이며 $4n-1$의 형태를 가지는 소수(素數)는 $4n+1$이 되는 형태의 소수와 $4m+1$이 되는 다른 소수의 2배의 합으로 나타낼 수 있다.

예를 들면 소수 23은 $23=13+2\times5$, 또 소수 43은 $43=17+2\times13$이 됩니다. 그리고 13, 5, 17은 모두 $4n+1$의 형태입니다.

이것은 아직 증명이 완료되지 않았지만 라그랑주의 가설이라고 합니다.

라그랑주

그 외 여러분이 잘 아는 공식으로

$$(a^2+b^2+c^2)(x^2+y^2+z^2)-(ax+by+cz)^2$$
$$=(bz+cy)^2+(cx-az)^2+(ay-bx)^2$$

이 있는데 라그랑주의 항등식으로 불립니다. 또 이와 관련된 라그랑주의
공식으로

$$l, m, n, l', m', n' \text{이 실수이고 } l^2+m^2+n^2=1, \ l'^2+m'^2+n'^2=1$$

일때, $|l'+mm'+nn'| \leqq 1$이다.

라는 것이 있습니다.

한편 라그랑주의 잉여식(剩餘式)도 있습니다. 그것은 $f(x)$의 $x=a_0, \ a_1,$
$a_2,$에 대응하는 값을 알고 $a_0, \ a_1, \ a_2, \ \cdots\cdots, \ a_{n-1}, \ a_n$이 모두 같지 않을 때
는

$$f(x) = \frac{(x-a_1)(x-a_2)\cdots\cdots(x-a_n)}{(a_0-a_1)(a_0-a_2)\cdots\cdots(a_0-a_n)} f(a_0)$$

$$+ \frac{(x-a_0)(x-a_2)\cdots\cdots(x-a_n)}{(a_1-a_0)(a_1-a_2)\cdots\cdots(a_1-a_n)} f(a_1) + \cdots\cdots$$

$$+ \frac{(x-a_0)(x-a_1)\cdots\cdots(x-a_{n-1})}{(a_n-a_0)(a_n-a_1)\cdots\cdots(a_n-a_{n-1})} f(a_n)$$

$$+ \frac{(x-a_0)(x-a_1)\cdots\cdots(x-a_n)}{n!} f(n)\theta$$

이 식에서 θ는 a_0 와 a_n 사이에 존재하는 값으로 마지막 항을 잉여라고 합니다.

그 외 라그랑주의 이름이 붙은 수학 사항에는 라그랑주의 평균치의 정리, 라그랑주의 미분방정식 $y = xg\,(p) + f\,(p)$ 의 해법 및 부정방정식에 관한 라그랑주의 해법 등 여러 수학 책에서 라그랑주의 이름을 볼 수 있을 것입니다.

수학 역사가들은 18세기 수학전성시대의 대표적인 인물로서 라그랑주, 라플라스, 몽주(Monge), 코시, 푸리에(Fourier), 르장드르, 카르노(Carnot) 등을 거론하지만, 그 중에서도 수학의 대천재로 가장 탁월한 학자는 라그랑주일 것입니다.

일생

조셉 루이스 라그랑주는 1736년 1월 25일 이탈리아의 토리노에서 태어났습니다. 어릴 적 아버지는 상당한 재산가였지만 주식으로 전 재산을 잃고 고생하면서 자랐습니다. 라그랑주는 고향 학교에서 교육을 받았지만 처음에는 공부에 전혀 관심이 없었습니다. 그런데 17살 되던 해, 우연히 영국 천문학자 핼리의 수학 책을 보다가 그 계통적인 논증에 비상한 흥미를 느끼고 독학으로 수학 책을 섭렵해서 연구하게 되었습니다. 그의 실력은 빠른 시간 안에 향상되어 1년 남짓한 시간에 수학자의 반열에 오르게 되었습니다. 19살 때에는 당시 수학자들 사이에서 중요한 문제로 떠올랐던 등주(等周) 문제에 도전했습니다. '주위가 일정한 폐곡선이 주어졌을 때 그 넓이가 최대가 되는 곡선을 구할 것. 또 폐곡선의 겉넓이를 주고 최대 부피를 가지는 곡면체를 구할 것'이라는 이 문제는 오늘날 상식적으로 원 및 구라고 간단히 정리할 수 있지만 이 문제를 엄격히 증명하는 것은 상당히 어려워서 반세기가 넘게 활발하게 논의되었으며 대학자 오일러조차도 한때 포기했다고 할 정도였습니다.

그런데 라그랑주는 자신이 발명한 변분학을 이용해서 이 난문을 멋지게 해결하고 그 결과를 오일러에게 보냈습니다.

오일러는 이 해답을 상세하게 검토하고 그 훌륭함에 감탄하면서 세상에 대단한 천재가 있다고 격찬했습니다. 또한 지금까지 해왔던 자신의 연구를 접고 이 변분학을 라그랑주의 발견으로 세상에 발표하도록 권유했습니다.

이처럼 라그랑주는 불과 19살의 나이에 일류 수학자들과 어깨를 나란히 하게 되었습니다. 그가 수학 연구를 시작한 지 불과 2년도 채 되지 않았을 때이 일이라는 것을 생각하면 정말 그의 재능이 얼마나 뛰어난 것인지를 짐작할 수 있습니다.

독일로 가다

라그랑주는 19살의 젊은 나이에 토리노 육군사관학교의 수학 교관이 되었지만 독일 학사원 수학부장인 오일러가 사임하고 페테르부르크로 옮기자 프리드리히 대왕은 그 후임으로 유럽 최고의 수학자를 초빙하고 싶어 라그랑주에게 그 후임으로 와 줄 것을 부탁하는 편지를 보냈습니다.

'유럽 최대의 국왕은 여기 유럽 최대의 수학자가 우리 궁정에 와서 머물러 주기를 바람'

라그랑주는 대왕의 편지에 감격해서 베를린으로 넘어가 당시 유럽 수학자로서 최고의 지위에 해당하는 베를린 학사원 수학부장이 되었습니다. 이후 대왕의 정중한 대우 속에 베를린에서 20년간 머무르며 밤낮으로 연구에 몰두해 귀중한 연구 논문을 차례차례 완성했습니다.

프랑스로 옮겨가다

프리드리히 대왕이 죽은 후, 루이 16세의 초청으로 프랑스로 건너간 그는 파리에 신설된 에콜 노르말 대학의 교수로서 프랑스 최고의 강좌를 담당하며 명석하고 투철한 이론과 참신한 연구를 통해 유럽 제일의 대수학자로 명성을 날렸습니다.

이어서 1790년 미터법 제정에서 스스로 그 제정위원장을 자처하여 위대한 업적을 이루었고 그 공을 인정받아 백작 작위를 받았습니다. 1798년에 기술학교 에콜 폴리테크니크가 설립되자 초대 학장이 되었으며 파리에 머문 지 26년이 되던 1813년 4월 10일에 병으로 세상을 떠났습니다.

라그랑주가 파리에 체재할 때 이탈리아에 주재했던 프랑스 공사는 프랑스 정부를 대표해서 그의 고향을 방문하고 "그의 천재성은 인류 최대의 명

예인 동시에 이 위대한 천재를 낳은 고향은 실로 지상 최대의 자랑이다."
라는 찬사를 바쳤다고 합니다.

라그랑주 전집

라그랑주가 쓴 수학 논문은 실로 다방면에 걸쳐 있어 그의 사후 많은 학자들이 정리하려 하였지만 그 수가 너무 방대하고 광범위해서 그 전모를 모두 정리할 수는 없었습니다. 하지만 그 일부는 전집으로 프랑스 문부대신의 후원으로 발표되었습니다. 라그랑주 전집은 모두 14권입니다.

만년

그는 일생 중 20년을 베를린에서 살았지만 지나치게 연구에 열중한 탓에 프리드리히 대왕도 그의 건강을 염려해서 때때로 연구를 중지하도록 설득할 정도였습니다. 그런데도 라그랑주는 연구를 멈추지 않아 결국 건강을 해쳐 한때는 매우 심각할 정도로 몸이 상하고 말았습니다. 그 후 그는 끊임없이 심각한 우울증에 시달렸고 1761년부터 1764년까지 어쩔 수 없이 연구를 중지하고 쉬게 되었습니다.

하지만 타고난 연구열에 불탄 그는 1764년 가을 '달의 평균 운동'에 관한 문제를 풀고 프랑스 학사원이 제공한 상금을 탔습니다. 이것을 기회로 그는 파리로 건너와 프랑스 수학자들과 교류했으며 프랑스로 건너온 후에도 매일 밤 스스로 다음 날 연구 제목을 정해 놓고 열심히 일에 몰두했습니다.

그는 일단 생각이 정리되면 머릿속에서 연구 내용 전체를 질서정연하게 정리하고, 또 그 해답이 발견되면 단번에 논문을 써 내려갔다고 합니다. 게다가 그 논문은 거의 한 군데도 고치거나 지우는 곳이 없을 정도로 완벽한 것이었다고 하네요.

파리에 있는 20년 동안 라그랑주가 이룩한 연구는 거의 매월 한 편의 논문을 썼을 정도로 어마어마한 양이었습니다. 그중에는 장편의 논문도 있었습니다. 『해석역학(Mecanique analytique)』과 같은 경우는 '과학의 시'라고도 불릴 만한 명저로 현존하는 수학 논문 중에서 가장 화려한 것으로 알려져 있습니다.

말년에 라그랑주는 주로 미적분학의 기초연구에 몰두해 새로운 분야를 개척했습니다.

우리가 라그랑주를 위대한 수학자로 존경하는 이유는 그가 수학자로서 천재성을 지녀서만이 아닙니다. 그가 훌륭한 인격도 함께 갖추었기 때문입니다.

라그랑주도 뉴턴과 마찬가지로 사람과 논쟁하는 것을 싫어해서 남이 자신의 연구 결과를 모방해서 자기 것인 양 주장해도 신경 쓰지 않고, 담담하게 세상에 그 판단을 맡겼습니다. 그는 늘 수학에 대해 사람들과 토론할 때도 겸손하게 "잘은 모르겠지만……" 하고 이야기를 시작했다고 합니다.

맹인 수학자 오일러

7개의 다리 문제

옛날 동프로이센 수도 퀘니히스베르크에 7개의 다리가 있었습니다. 시민들은 이 7개의 다리를 두 번 건너지 않고 모두 한 번씩만 건너서 다시 제자리에 돌아오려면 어떤 순서로 건너면 좋을까 하는 문제를 생각했습니다. 오른쪽은 그 다리 그림입니다.

이 그림에서 A, B, C 는 시가지, D는 다리를 잇는 섬, B와 C 양 시가의 가운데를 흐르는 강을

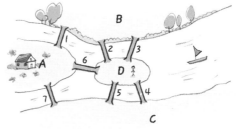

프레겔강이라고 하고, 1, 2, 3, 4, 5, 6, 7은 7개의 다리 위치를 나타냅니다.

원래 추리를 좋아하는 독일인들이어서 이 문제는 대단한 인기를 끌었고 많은 사람들이 지도를 그려 가며 해답을 생각했습니다. 하지만 언뜻 보기에 간단하게 보이는 문제였지만 좀처럼 해답을 구하지 못했습니다. 사람들은 이것을 '7개의 다리 문제'라고 불렀습니다. 이때 한 스위스 청년이 이 마을을 지나다가 문제 이야기를 듣고는 잠시 생각하더니 그 자리에서 "이 문제는 불가능한 문제이다! 어떤 방법으로도 풀리지 않는다!"고 단정했습니다. 그리고 청년은 이 문제에서 힌트를 얻어 한붓그리기의 원리를 발견했습니다. 이 청년이 훗날 맹인 수학자로 이름을 전 세계에 퍼뜨린 레온하르트 오일러입니다.

일생

오일러는 1707년 4월 15일 스위스의 바젤에서 태어났습니다. 아버지는 목사였는데 아들의 비범한 재능을 알아차리고 어릴적부터 직접 공부를 시키다가 고향에 있는 바젤 대학에 입학시켰습니다.

오일러

당시 이 대학에는 독일 대수학자로 유명한 라이프니츠의 제자인 요한 베르누이라는 학자가 있었습니다. 이 베르누이가는 놀랍게도 아버지와 아들 형제를 통틀어 유명한 수학자가 여덟 명이나 태어난 집안인데 이 베르누이가의 총애를 받아 오일러의 실력은 쑥쑥 향상되었습니다. 그는 이 대학에서 수학 외에도 천문, 물리, 철학, 의학 등을 배웠는데, 타고난 두뇌에 대단한 노력가, 정력가였기 때문에 연구는 점점 뛰어난 성과를 올렸고 1732년 일찌감치 석사 학위를 받았습니다.

러시아로 가다

당시 러시아에는 표트르 대제가 페테르부르크에 학사원을 세우고 유럽 각국의 일류 대학자를 초빙해서 문화를 발전시키려다가 그 결실을 보지 못하고 세상을 떠났습니다. 여왕 예테리나 1세가 그 유지를 받들어 1724년에 학사원을 창설했습니다.

그리고 당시 유럽에서 최고 권위를 가진 대학자로 알려진 야콥 헤르만(Jacob Hermann), 크리스티안 골드바흐(Christian Goldbach), 요한 베르누이 등도 이곳에 초빙되었는데 이때 오일러는 갓 스무살을 넘긴 젊은 나이로 이들 대학자들과 함께 학사원으로 초빙되었습니다.

그런데 오일러가 이 학사원에 도착한 날 여왕 예카테리나가 세상을 떠나 표트르 2세가 그 뒤를 잇게 되었습니다. 표트르 2세는 선대왕들과 달리 학술 진흥에 냉담했기 때문에 오일러는 학사원을 그만두고 한동안 러시아의 해군에 근무하다가 1730년 여왕 안나 1세가 즉위하자 다시 학사원으로 돌아왔습니다. 그후 10년 동안 러시아에서 수학을 연구하면서 많은 논문을 발표하였고 새로운 정리를 발견해서 학계를 놀라게 했습니다.

베를린 학사원에 초빙되다

오일러는 페테르부르크 학사원에서 뛰어난 대학자로 존경받다가 1741년 7월에 독일 베를린에 설립된 학사원에 초빙되어 러시아를 떠나 독일로 돌아갔습니다. 이후에도 연구는 계속되었고 1744년 프리드리히 대왕이 새롭게 세운 학사원의 원장으로 취임해서 독일 학술의 진흥을 위해 위대한 공헌을 하게 됩니다.

1762년 예카테리나 2세가 러시아 황제에 오르자 페테르부르크의 학사원은 새롭게 유럽 각국에서 많은 학자들을 모아 수학, 천문, 철학, 물리학 등 다양한 학문을 발전시켰습니다. 오일러도 러시아에서 연구하던 때가 그리워 다시 돌아가고자 했으나 프리드리히 2세가 그의 재능을 높이 사서 머물기를 간청하며 떠나는 것을 허락하지 않았습니다. 1766년 7월이 되어서야 비로소 허가를 받아 베를린을 떠나 러시아로 가게 되었습니다.

시력을 잃다

오일러는 앞서 설명한 대로 젊은 시절부터 비상한 노력가였지만 무리한 연구로 인해 1735년 무렵부터 눈에 이상이 생겨 결국 오른쪽 눈의 시력을 잃게 되었습니다. 하지만 그에 굴하지 않고 더욱 왕성한 의욕으로 연구를 계속했지만 두 번째로 러시아를 찾고 얼마 지나지 않아 왼쪽 눈까지 시력을 잃어 완전히 맹인이 되었습니다.

보통 사람이 이런 처지가 되면 완전히 의욕을 상실하든지 비관에 빠질 테지만 비범한 대학자인 오일러는 극한 상황에 부딪쳐도 체념하지 않고 뛰어난 기억력으로 그때까지 연구한 모든 자료를 종합해서 전집으로 후세에 남기겠다는 결심을 합니다. 그는 수제자인 니콜라스 푸스(Nicolaus Fuss)를 비롯해 많은 조수를 동원해서 사업을 시작했습니다. 이 대사업에 몰두한 결과 1783년에 러시아에서 세상을 떠날 때까지 10여 년의 세월을 들여 마침내 45권의 저술과 700여 편의 논문을 완성했습니다.

오일러 전집

현대 수학이 오늘날처럼 발전할 수 있었던 것은 실로 3,000여 년의 세월 동안 수많은 유명무명의 수학자들이 고뇌하고 악전고투한 성과라고 할 수 있습니다. 수학 역사상 그 이름을 빛낸 인물은 수천 명에 이르는데 그 중에서도 평생의 논문을 전집으로 출간한 수학자의 수는 300명 정도라고 합니다. 그중에서도 단연 방대한 양을 자랑하는 것이 오일러의 전집입니다.

오일러는 초등대수학, 기하학을 비롯해 뉴턴이나 라이프니츠가 시작한 미적분학을 더욱 발전시켰고 물리학, 역학에 응용 부문을 개척해서 18세기 수학계를 빛냈습니다. 또 편미분방정식, 원함수론, 대수해석, 입체해석기하학을 비롯해서 각종 급수에 관한 탁월한 논문도 발표했습니다. 오일러 사후에 그 전집의 발간을 기획했지만 자료가 너무나도 방대하고 막대한 자금이 필요한 작업이기 때문에 한동안 빛을 보지 못했다고 합니다.

1909년 9월이 되어 스위스 자연과학협회의 주창으로 전국에서 기부금을 모아 10만 달러로 간행 사업에 착수해서 2년 이상의 세월이 걸려 겨우 제 1권을 발간했습니다. 계속해서 제 2권, 제 3권을 발간하는 동안 자금이 바닥 나버려 사업은 일시 중단되었습니다. 그런데 이 대학자의 업적을 반드시 후세에 남기고자 하는 열망이 전국 곳곳에서 일어나 오일러 전집 간행을 목적으로 하는 특수한 출판회사가 설립되어 마침내 45권의 대전집이 완성되었습니다.

오일러와 초등수학

오일러의 연구는 수학의 전 영역에 걸쳐 광범위하기 때문에 그 업적의 일부를 제시하는 것도 쉽지 않은 일이지만 여러분이 지금 배우고 있는 초등수학과 관계있는 주요한 사항을 소개해 보겠습니다.

1. $\triangle ABC$ 세 개의 각을 A, B, C라고 하고 이것에 대한 변을 a, b, c라고 해서 간단히 계산할 수 있게 한 것이 오일러입니다.

2. 원주율을 π로 나타내는 일이나 허수의 단위를 i로 나타내는 일, 자연로그의 밑을 e로 나타내는 것도 오일러가 시작한 일이라고 합니다.
   단지 원주율에 π를 최초로 사용한 사람은 영국의 윌리엄 존스로 1706년의 일이라고 합니다.

3. 대수학에 오일러의 공식이라는 것이 있습니다.

$$\frac{1}{(a-b)(a-c)} + \frac{1}{(b-c)(b-a)} + \frac{1}{(c-a)(c-b)} = 0$$

$$\frac{a}{(a-b)(a-c)} + \frac{b}{(b-c)(b-a)} + \frac{c}{(c-a)(c-b)} = 0$$

$$\frac{a^2}{(a-b)(a-c)} + \frac{b^2}{(b-c)(b-a)} + \frac{c^2}{(c-a)(c-b)} = 1$$

$$\frac{a^3}{(a-b)(a-c)} + \frac{b^3}{(b-c)(b-a)} + \frac{c^3}{(c-a)(c-b)} = a+b+c$$

4. 4차방정식 $x^4+px^2+qx+r=0$의 해를 구하는 '오일러의 해법'이란 것이 있습니다. 이것은 $2x=u+v+w$ 라고 하면 u^2, v^2, w^2 은 $t^3+2pt^2+(p2-4r)t-q^2=0$의 근입니다. 이것을 t_1, t_2, t_3이라고 하면 4차방정식 $x^4+px^2=qx+r=0$의 4개의 근 x_1, x_2, x_3, x_4는 다음과 같습니다.

$$x_1 = \frac{1}{2}(\sqrt{t_1}+\sqrt{t_2}+\sqrt{t_3})$$

$$x_2 = \frac{1}{2}(\sqrt{t_1}-\sqrt{t_2}-\sqrt{t_3})$$

$$x_3 = \frac{1}{2}(-\sqrt{t_1}+\sqrt{t_2}-\sqrt{t_3})$$

$$x_4 = \frac{1}{2}(-\sqrt{t_1}-\sqrt{t_2}+\sqrt{t_3})$$

계산의 천재
가우스의 생애

계산의 천재

'될성부른 나무는 떡잎부터 알아본다' 라는 속담이 있듯이 위인 가우스의 유년시대에 다음과 같은 에피소드가 전해집니다.

1786년 독일의 한 시골 브룬스비크의 어느 초등학교 수학 시간이었습니다. 선생님은 반 학생들에게 속셈 연습 문제로 다음과 같은 문제를 냈습니다. "1, 2, 3, 4 …… 에서 40까지 합을 가능한 한 빨리 계산하라."는 것이었습니다. 지금 고등학생이라면 누구나 등차수열을 응용하여 금방 풀 수 있지만 초등학생들이므로 선생님은 20~30분은 걸릴 것으로 짐작하

가우스

고 문제를 낸 것입니다.

그런데 교실 구석에 앉아있던 아홉 살 소년이 선생님의 질문이 끝나자마자 손을 들고 "선생님, 답은 820입니다."라고 대답했습니다. 그리고 "(1＋40)×2를 하면 됩니다."라며 해결 방법까지 말해서 선생님과 친구들을 깜짝 놀라게 했습니다. 이 아이는 무의식적으로 등차수열의 합을 구하는 방법을 알고 있었던 것일까요?

이 소년이 훗날 정17각형의 작도법의 발명자, 최소제곱법의 창시자, 또 비유클리드 기하학, 정수론, 복수함수론, 타원함수론, 초기하급수론, 일반곡면론, 퍼텐셜론 등의 탁월한 연구자이면서 동시에 천문학, 측지학, 전자기학의 대가로 19세기 전반 세계 수학계의 최고봉이라 추앙받게 되는 가우스입니다.

일생

카를 프리드리히 가우스(Karl Friedrich Gauss)는 1777년 4월 30일 독일 브라운슈바이크의 가난한 벽돌공의 집에서 태어났습니다. 아버지는 가우스를 자신의 대를 이어 벽돌 기술자로 만들 생각이었지만 가우스는 매우 총명하여 하나를 들으면 열을 알았으며, 특히 신비로우리만치 뛰어난 계산 능력으로 초등학교도 가기 전에 가감승제를 암산으로 척척 처리하여 주변 사람들을 놀라게 했습니다. 가우스는 훗날 사람들에게 "내가 가장 좋아하는 놀이는 계산이었고 말도 못하는 갓난아기일 적부터 나는 계산을 했다.”고 여러 번 농담을 했다고 합니다.

갑자기 세상에 나타나 화제를 뿌리게 된 이 천재는 당시 브라운슈바이크의 군주 페르디난드(Prince Ferdinand of Braunsweich)에게 발탁되어 15세의 나이에 카롤링 대학에 들어가 수학을 연구하게 되었습니다. 입학한 지 3년이 되자 그의 학력은 급속도로 향상되어 최소제곱법을 발명하고 정수론에서 탁월한 연구 성과를 이루었습니다. 당시 사람들에게 “수학에서는 카롤링 대학의 어느 교수보다도 뛰어나다.”는 평을 들을 정도였다고 합니다.

연구시절과 원주등분법의 고안

가우스는 수학, 천문학, 전기학 등을 연구하기 위해 1795년 괴팅겐 대학에 입학해서 4년 동안 열심히 공부했습니다. 1799년에는 헬름슈테트 대학의 박사과정 시험을 통과했습니다. 그가 쓴 논문은 대수학의 기초론「대수방정식 해의 존재의 증명」이라는 것이있는데 그 임밀한 논리와 명확한 증명으로 당시 대수학자들을 감탄하게 했다고 합니다. 그 후 2년이 지나 유명한 『정수론(Disquisitones, Arithme ticae)』을 저술하고 이어 천체의 궤도 측정에서도 새로운 경지를 개척했으며 오차론을 연구했고, 복소수의 기하학적 표시, 즉 가우스 표시법을 고안했습니다. 또 원주의 등분법, 즉 정다각형의 기하학적 작도법에 대해 여러 발명과 발견을 이룩했습니다. 그중에서도 정다각형에 관한 연구 성과는 그가 가장 뛰어난 능력을 보인 분야로 이에 대해서는 다음과 같은 일화가 있습니다.

초등기하학의 작도법 즉, 자와 컴퍼스만을 사용해서 그릴 수 있는 정다각형은 정삼각형, 정사각형, 정오각형, 정15각형 및 그 변수를 2배, 4배, 8배, …… 처럼 2의 제곱배로 만들어지는 것에 제한되어 있으며, 그 외의 것은 일반적으로 만들 수 없다고 알려져 유클리드 이래 의문의 여지가 없는 것으로 여겨졌습니다. 하지만 당시 괴팅겐 대학에서 공부하던 청년 가우스는 정수론 연구에 몰두하던 중, 이와 관련한 고차방정식 해법에서 원주등분법을 생각해 냈습니다.

교과서에서 2차방정식 $ax^2+bx+c=0$의 두 근을 α, β라고 할 때 $\alpha+\beta=-\dfrac{b}{a}$, $\alpha\beta=\dfrac{c}{a}$ 이므로 α, β의 합과 곱을 알면 α, β의 값을 기하학 작도로 구할 수 있다고 배웠을 것입니다. 가우스는 $360^\circ=17\theta$로 보고

$$cos\theta+cos4\theta=a,\ cos2\theta+cos8\theta=b,\ cos3\theta-cos5\theta=c,$$
$$cos6\theta+cos7\theta=d,\ a+b=e,\ c+d=f$$

에서 $e+f=\dfrac{1}{2}$을 구했습니다. 또 위의 관계식에서 $ef=-1$을 구해서 e와 f는 2차방정식 $x^2+\dfrac{1}{2}x-1=0$의 근에 해당하고, 이것은 기하학적으로 작도가 가능하다고 생각했습니다. 가우스가 이 해법을 착안한 후 해결법을 찾을 때까지 상당히 고생한 것으로 생각되지만, 전해지는 말에 의하

면 1796년 3월 24일 새벽, 마치 환영처럼 위의 방정식이 머릿속에 떠올라 기뻐하며 침대에서 벌떡 일어나 곧장 이 방정식을 풀었다고 합니다. 실제 '가우스의 일기'에 다음과 같이 쓰여 있습니다.

'원의 등분에 근거하는 원리, 그것에 따라 기하학적으로 17등분하는 법, 1796년 3월 24일 브라운슈바이크'

또 가우스는 같은 해 6월 1일 발행하는 학술서의 지면에 이 발견을 보고 하고 다음과 같이 설명하고 있습니다.

'정다각형 중에서 정삼각형, 정사각형, 정오각형, 정15각형 및 그 변수를 차례로 2배씩 해서 생기는 도형을 작도할 수 있다는 사실은 기하학 초보를 배운 자라면 누구든지 아는 사실로 유클리드 시절에 알려져 있었습니다. 그 후 초등기하학에서 그 이상은 얻을 수 없다고 일반적으로 믿어온 것 같습니다. 적어도 저는 아직까지 그 방면에서 더 발전된 연구 결과를 듣지 못했습니다. 따라서 지금 위의 정다각형 이외에 더 많은 정다각형, 예를 들면 정17각형 등의 작도가 가능하다는 사실의 발견은 주목을 끌만하다고 생각합니다. 그리고 그 발견은 한층 더 광범위한 이론의 일부에 지나지 않지만 그 이론은 아직 미완성이기 때문에 완성 후 발표하겠습니다. 괴팅겐 대학 수학과 학생'

위의 글 중에 나오는 더 광범위한 이론이란 '가우스의 정수론'을 가리키는 것은 물론입니다. 이처럼 가우스는 학생 시절부터 놀라운 연구를 하고 있었습니다. 가우스 전기를 보면 그는 이 발견으로 인해 수학에 대한 무한한 흥미를 느끼고 이때부터 평생 수학을 벗으로 하고 온 힘과 능력을 다해 연구에 전 생애를 바칠 결심을 했다고 전해집니다.

대학 교수와 천문대장

가우스는 앞서 말한 대로 페르디난드 군주의 후원으로 대학을 마치고 이후에도 연구에 전념할 수 있었습니다. 수학에서 그의 위대한 업적은 모두 이때 탄생한 것입니다. 노후의 가우스는 항상 회상하기를 "1799년부터 1807년까지 그 8년 동안이 내 생애를 통틀어 가장 행복한 시절이었다."고 입버릇처럼 말하곤 했다고 합니다.

그는 1807년 괴팅겐 대학 교수가 되었고 동시에 천문대장이 되었습니다. 따라서 그때까지처럼 자유로이 수학 연구만 할 수 없는 처지가 되어 고난의 시절이 시작되었습니다. 가우스는 항상 "수학 연구에서는 무엇보다도 방해받지 않고 자유로이 연구할 수 있는 시간이 필요하다"고 말했지만 대학교수와 천문대장을 겸직하게 된 그에게는 시간적으로나 육체적으로, 또 연구 생활에도 대단히 괴로운 시간이었습니다. 대학교수로서의 수입은 얼마 되지 않았고, 천문대라고 하지만 현대적인 시설이 아니라 설비가 제대로 갖추어지지 않았으며 조수도 없었습니다. 번잡한 관측에서부터 계산까지 거의 혼자 해야 했기 때문에 아무리 천문학을 좋아한다고 해도 견디기 힘들었을 것입니다. 하지만 가우스는 힘든 근무를 하면서도 혼신의 힘을 다해 연구를 계속했습니다.

당시 가우스는 친구 훔볼트의 소개로 유명한 물리학자 베버(Wilhelm Weber)를 만나 10여 년 동안 교제하면서 함께 협력하여 전기학 및 지구자기학을 연구해서 뛰어난 연구 성과를 올렸습니다. 그 연구의 부산물 중 하나로 가우스와 베버의 전신기의 발명(1807)이 탄생했습니다. 가우스는 대학교수가 된 1807년 이전까지 거의 순수 수학의 연구에 전력을 쏟았지만 1807년 이후는 오히려 응용 수학 방면으로 열심히 연구했던 것 같습니다. 따라서 그의 고도의 연구에 기초한 수학을 정교하게 응용해서 성학, 측지학, 전기학, 역학 등에서도 독특한 성과를 이루었습니다. 역학에서 유명한 '가우스의 최소 구속의 원리'는 1829년, 그가 52살 때 발표한 것입니다.

근세 수학의 기초를 열다

수학 발전의 역사를 돌아보면 수학 발생기에 해당하는 아르키메데스에서 뉴턴까지의 기간은 상당히 길지만, 이 기간은 기초공사에 해당하는 것으로 보이지 않는 곳에서 수학상의 각종 정리, 규칙이나 다양한 계산법이 착실히 성과를 보이고 있었습니다. 하지만 그 발달은 천천히 이루어졌습니다.

그런데 위대한 학자 뉴턴의 출현으로 18세기 수학계는 일대 전환을 맞이하게 되는데 오일러, 라그랑주, 라플라스, 라이프니츠를 비롯한 많은 수학자의 손으로 미적분법이 확충되며 근대 수학의 근간이 이루어지게 됩니다. 건물의 뼈대가 완성되었다고 할 수 있겠지요. 한편 19세기 이후는 그야말로 근세 수학의 부흥시대로 이론적 연구에서 응용 부문에까지 무한히 발전했고 수학이 모든 과학 문명의 선구를 이룩하게 되었습니다.

여기서 우리는 고대 수학의 대표적인 위인으로 아르키메데스를 꼽을 수 있고, 근대수학의 기초를 연 위인으로 뉴턴의 이름을 제일 먼저 들 수 있습니다. 그렇다면 근세 수학의 문을 연 사람을 가우스라고 할 수 있습니다. 가우스는 수학의 천재였던 까닭에 두터운 후원을 받아 원하는 만큼 자유롭게 연구할 수 있었고 1855년 2월 23일 괴팅겐에서 79살의 고령으로 세상을 떠날 때까지 수학 연구에 전념했기 때문에 19세기 수학에서 가우스의 이름이 보이지 않는 곳은 없을 정도입니다. 예를 들면 곡면론에서 가우스의 정리, 가우스의 공식, 미적분의 가우스의 공식, 조화급수의 가우스 정리, 벡터 해석의 가우스 정리를 비롯해서 가우스 급수, 가우스 곡률, 가우스 결상, 가우스 고아학, 가우스 오차법칙, 가우스 미분방정식, 가우스 변분문제, 가우스 분포, 가우스 평면 등 들자면 끝이 없습니다.

가우스의 인격

가우스의 전기를 읽은 친구들이 있다면 그의 위대한 업적뿐만이 아니라 그의 인격에도 감명을 받았을 것입니다.

가우스는 수학 연구에 평생을 바친 사람으로 철저하게 냉철한 사람처럼 생각되지만, 사실 솔직 쾌활한 성격으로 장난기도 많았으며 까다로운 고집이 없는 사람이었습니다. 한번 연구 과제를 정하고 그것에 몰두하면 철두철미하게 자지도 쉬지도 않고 완성했으며 완전한 결론이 나와 자신이 만족한 것 이외는 하나도 발표하지 않았습니다. 따라서 생전에 스스로 발표한 논문은 그가 연구한 내용의 일부에 지나지 않았으며 그의 사후 발견된 많은 기록 중에서 중요한 연구 자료가 무수히 발견되어 제자와 친구들은 그것을 모두 정리하여 『가우스 전집』으로 발행하였습니다.

가우스의 업적에 대해서는 그의 사후 연달아 새로운 사실이 밝혀졌습니다. 가우스는 세상을 떠날 때 그가 발견한 정17각형을 묘비에 새겨달라고 유언을 남겼다고 합니다. 그 묘비는 지금도 브라운슈바이크에 세워져 있습니다. 또 국왕은 그를 위해서 기념비를 세워 묘비에 'Mathematicarum Princeps(수학자의 왕)'이란 단어를 새겼다고 합니다.

제14화

만년에 대성한 바이어슈트라스

    지금까지 소개한 위대한 수학자들은 모두 뛰어난 천재성과 수학적 재능을 타고난 사람들로 그다지 고생하지 않고 위업을 달성한 듯 보입니다.

    뉴턴, 페르마, 가우스는 말할 것도 없고 라이프니츠, 파스칼, 데카르트, 갈릴레오, 오일러, 라그랑주 등 모두 스무 살이 되기도 전에 세상을 놀라게 한 위업을 달성했습니다.

    따라서 여러분은 혹시라도 수학은 완전히 재능을 타고난 특별한 사람들만이 잘할 수 있는 분야로, 평범한 우리와는 상관이 없다고 생각하지는 않는지요? 하지만 지금부터 소개하는 바이어슈트라스의 이야기를 듣는다면 그런 생각은 사라

바이어슈트라스

질 겁니다.

일생

카를 바이어슈트라스(Karl Weierstrass)는 1815년 10월 31일 독일 베스트팔렌 지방의 시골 오스텐펠데에서 태어났습니다. 부모님 모두 가톨릭 신자로 평범한 시민이었기에 특별히 자녀교육에 열성을 보이지도 않았고 자식을 장래 수학의 대가로 키우려는 생각은 전혀 없었습니다. 바이어슈트라스 자신도 수학에 이렇다 할 흥미를 느끼지 못했기 때문에 힘써 공부하지도 않았습니다. 따라서 일반적인 학교 교육을 받았지만 성적이 특별히 우수하지도 않았고, 수학에서도 특출한 재능을 보이지도 않았습니다.

본 대학에 들어가 법률과 경제학을 4년 동안 배우고 졸업 후 고향에 돌아와 직장을 찾는 동안 고향 중학교의 교사가 모자랐기 때문에 우선은 학교에 취직했고 체조와 습자를 가르치면서 대수와 기하도 가르치게 되었습니다. 그러는 동안 수학에 흥미를 느끼고 수업 여기 시간에 수학 책을 열심히 독파하게 되었습니다. 바이어슈트라스는 노력 여하에 따라 어디까지라도 대성할 수 있다는 것을 스스로 입증하였습니다.

그는 20년이 넘도록 이 중학교에서 수학을 가르치면서 전교생으로부터 신망받는 유쾌한 나날을 보내는 한편 수학 연구에 여념이 없었습니다. 특히 아벨 함수 연구에 흥미를 가지고 연구를 계속하는 동안 당시 대수학자인 쿰머에게 그 재능을 인정받아 베른 직물학교 교수가 되었고 또 한편으로는 베를린 대학과도 교류하게 되었습니다. 이때 비로소 바이어슈트라스는 세계 수학계 무대에 첫걸음을 내딛게 되었습니다.

바이어슈트라스의 연구 이념

여러분은 "시인이 아닌 수학자는 완전한 수학자라고 할 수 없다."라는 말을 들어 본 적이 있나요? 이 말은 바이어슈트라스가 한 말로 유명한데요, 사실 그는 오랜 중학교 교사생활 중 청소년의 수학교육을 통해서 수학으로 정서교육을 시도하는 일에 특히 힘을 쏟았습니다. 프랑스의 푸앵카레(Poincare)는 말했습니다. "수학은 진리의 추구 이외 미의 방면에도 위대한 가치가 있다. 수학에 조예가 깊은 사람은 미술이나 음악이 주는 것과 같은 즐거움을 수학 속에서 느낄 수가 있다." 또 "수학은 필요해서 억지로 연구하는 것이 아니라 자연이 과학자를 즐겁게 하기 때문에 연구하는 것이다."라는 말도 남겼습니다. 감동스런 문장이지요?

바이어슈트라스는 상당한 노력가였기 때문에 수학 이외에 문학, 철학 방면으로도 넓은 시야를 지녔고 수학 연구에서도 다른 수학자와 사상이 달랐습니다. 특히 종래 기하학이나 삼각법 등 일반적으로 직관을 기초로 체계가 세워진 유클리드 기하학에 의문을 느끼고 직관을 초월해서 엄밀한 해석적 표현에 의한 새로운 기하학을 성립하고자 노력했습니다. 결과적으로 복소변수(複素變數)의 해석론의 기초를 만들었고 또 미분불가능한 연속함수의 제시로 인해 실함수론에 있어 새로운 분야를 개척했습니다. 또한 극소곡면의 이론을 응용해서 기하학 발전에 공헌하는 등, 연달아 새로운 논문을 발표하고 그 명성은 학계에 널리 퍼지게 되면서 베를린 대학의 정교수가 되었습니다. 1864년 그가 49세가 되던 해였습니다.

이 당시 유명한 대수학자 쿰머, 크로네커(Kronecker) 등 다수의 수학자가 같은 베를린 대학교에 근무하고 있었지만 항상 바이어슈트라스의 강의에 가장 많은 수강자가 몰렸다고 합니다.

여성 수학자 코발레프스카야

당시 학생들 중 바이어슈트라스의 가르침을 받고 수학 연구에 평생을 바친 사람도 적지 않았다고 합니다. 그중에서도 여성 수학자로 미분방정식의 권위자인 소냐 코발레프스카야(Sonya Kowalewskaja)가 있습니다. 그녀는 러시아 장군의 딸로 태어났지만 어릴 적부터 수학에 흥미를 느끼고 바이어슈트라스 밑에서 가르침을 받은 후 미분방정식과 함수론을 공부해서 스웨덴 스톡홀름 대학의 교수가 되었습니다. 그 후 부인해방운동의 선구자로서, 또 문학자로서도 이름을 알렸습니다.

바이어슈트라스는 대부분이 독학이었음에도 불구하고 근면 성실하게 연구하여 당시 유럽 최고의 권위자로서 수학계에 자리매김을 하고 1897년 2월 19일 베를린에서 눈을 감았습니다.

　　바이어슈트라우스의 연구에서 가장 특색 있는 것은 '무리수에 관한 이론'인데, 이 부문의 개척에 협력한 학자로는 게오르크 칸토르(Georg Cantor, 1845~1918), 리하르트 데데킨트(Julius Wilhelm Richard Dedekind, 1831~1916) 두 사람이 있습니다.

　　칸토르는 덴마크 상인의 집에서 태어나 오랫동안 할레 대학의 교수를 역임했으며 집합론의 창설자로 유명하고 1872년 『무리수론』을 발표했습니다.

　　데데킨트는 독일 브라운슈바이크에서 태어나 괴팅겐 대학에서 공부하고 고향의 공과대학 교수가 되었습니다. 저서로는 1872년에 출판된 『연속과 무리수』가 있습니다.

여덟 명의 수학자를 배출한 베르누이가

베르누이가

세계 수학사상 한 가문에서 여덟 명의 수학자를 배출시킨 희귀한 가문이 있습니다.

16세기 후반에 종교적 박해를 피해 앤트워프에서 프랑크푸르트로 도망온 가문으로 17세기 중엽 바젤로 옮겨 그 땅의 시회의원이 된 니콜라우스 베르누이(Nikolaus Bernoulli) 일가입니다.

| 야곱 베르누이 | 요한 베르누이 | 다니엘 베르누이 |

니콜라우스에게는 세 명의 자식이 있었는데, 장남은 야곱 베르누이(Jacob, 왼쪽), 둘째는 니콜라우스 베르누이(Nikolaus), 막내는 요한 베르누이(Johann, 가운데)라고 합니다. 세 명 모두 좀처럼 찾아보기 힘든 수학자였는데 이 중에서 니콜라우스의 큰아들인 니콜라우스 1세, 요한의 아들 니콜라우스 2세, 다니엘(Daniel, 오른쪽), 요한 2세도 모두 수학의 대가였습니다. 또한 요한 2세의 아들인 요한 3세 및 야곱 2세도 모두 후세에 그 이름을 날리는 수학자가 되었습니다. 이 가문에 다수의 수학자가 탄생한 것은 정말 신기한 일이지만 이들 중에서도 뛰어난 수학자를 꼽는다면 다음과 같습니다.

야곱, 요한, 니콜라우스 형제

야곱 베르누이는 어린 시절 아버지의 뜻에 따라 신학을 공부했지만 수학에 뛰어난 흥미를 보였고 특히 천문에 관한 연구에 힘을 쏟았습니다. 그리하여 훗날 스위스 바젤 대학의 교수가 되어 라이프니츠의 미적분학을 발전시켜 등시성곡론, 등주문제를 논하고 또 확률론을 연구해서 수학계에 큰 공헌을 했습니다.

셋째 아들인 요한 베르누이는 그로닝겐 대학의 교수가 되었고 형의 사후에는 바젤 대학의 교수가 되었습니다. 요한 베르누이는 형 야곱과 함께 미적분학, 특히 미분방정식의 연구자로 유명합니다. 또 차남인 니콜라우스 베르누이는 아버지의 가업을 이었지만 그 아들 니콜라우스 1세가 또한 수학의 대천재로, 숙부 야곱이 가르치는 바젤 대학에서 수학을 전공하고 그로닝겐 대학에서는 숙부 요한 밑에서 연구를 진행해서 바젤 대학의 교수가 되었습니다.

다니엘 베르누이

요한의 아들 니콜라우스 2세와 다니엘 또한 수학 연구에 뜻을 두고 모두 명성을 떨쳤습니다. 가계도에 나타낸 10여명 이외에도 다수의 일가가 있는데 모두 수학적 재능을 타고나 수학사에서 베르누이 일가에 의한 논문은 방대한 수에 이릅니다. 지금까지 말한 많은 대수학자가 대개 자신의 대에서 끝나고 그 자손이나 일가에 대해서는 알려지지 않은 경우가 많은 데 비하면 이 일가는 진실로 희귀하다고 밖에 말할 수 없을 것입니다.

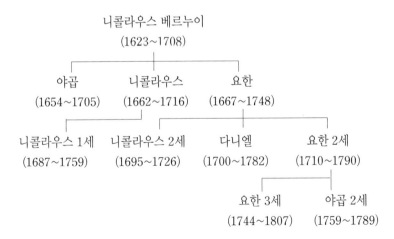

이항정리 $(a+b)^n$의 전개식에서 n이 되는 2 혹은 3의 경우처럼 간단한 것은 일찍부터 알려져 있었습니다. 중국이나 인도, 아라비아 사람들은 $(a+b)^2$와 $(a+b)^3$의 전개식에서 제곱근 풀이나 세제곱근 풀이를 했습니다. 하지만 이것은 이항식 전개식의 법칙을 알고 푼 것이 아니라 실제 곱셈으로 결과를 얻은 것입니다. 야곱 베르누이는 n이 양수일 경우 조직 이론을 사용해서 정교하게 설명했습니다. 또 n이 음수일 경우나 분수일 경우는 오일러가 처음으로 증명하였다고 합니다.

제16화

상대성 이론과 아인슈타인

20세기의 괴물, 원자력

현대 세계에서 원자폭탄은 인류에 가공할 만한 위험이지만, 원자력을 평화적으로 이용할 경우 산업, 교통, 의학, 경제 등 다양한 분야에 획기적인 발전을 가져 올 20세기의 괴물이라고 할 수 있습니다.

이 두려운 위력을 지닌 원자폭탄의 제조 가능성을 처음으로 확인하고 1939년 미국의 루스벨트 대통령에게 비밀 건의서를 보낸 사람은 누구일까요? 바로 아인슈타인이었습니다.

아인슈타인

일생

아인슈타인(Albert Einstein)은 1879년 3월 14일 독일 남부 울름에서 태어났습니다. 유대계 독일인인 아버지는 고향에서 작은 공장을 운영했는데 쾌활하고 낙천적인 사람으로 부유하지는 않았지만 행복하게 생활했습니다. 아버지의 일 때문에 뮌헨으로 이사한 뒤 아인슈타인은 잘 성장했습니다. 많은 위인이나 영웅들은 보통 어릴 적부터 뛰어난 재능을 보이며 많은 일화를 남기지만 아인슈타인은 정말 평범한 아이로 초등학교 시절 성적도 그다지 좋지 않았고, 특히 어학에 소질이 없어 수업시간에 고생을 했다고 합니다. 하지만 항상 열심히 공부했기 때문에 친구들이 곰 같다고 놀렸다고 합니다.

10살까지 뮌헨에서 교육을 받았는데 당시 독일의 학교 교육은 군대식으로 엄격했고 국내의 반(反)유대인 감정이 높았기 때문에 가엾은 아인슈타인은 마음에 상처를 입었습니다. 초등학교를 마치고 김나지움(독일 중고등학교)에 들어갈 무렵부터 명석한 두뇌가 마침내 빛을 발하기 시작했습니다. 학교에서 처음으로 대수학과 기하학을 배우자 수학의 매력에 빠지게 되었고 기하학의 논증법의 재미와 대수학에 의한 계산의 묘미에 밤낮을 잊을 정도로 열중해서 공부했다고 합니다. 그는 스스로 "수학은 마법과 같다."고 말했다고 합니다.

김나지움에서 공업대학으로

15살 때 스위스의 아라우 김나지움에 전학한 후로도 그의 호기심은 날이 갈수록 왕성해졌고 베른슈타인(Bernstein)의 과학서나 프레넬의 역학서를 애독했습니다. 같은 반 학생들이 삼각형의 합동정리나 이차방정식을 푸느라고 애쓸 때 아인슈타인은 혼자서 미적분학을 연구했기 때문에 선생님도 놀라지 않을 수 없었습니다.

그 후 취리히 공업대학에서 수학과 물리학을 연구하려고 했지만 입학자격에 근세 언어학과 자연과학 시험에 합격해야 한다는 조건이 있어 다시 아라우로 돌아가 그곳 학교에서 공부해 마침내 목표하던 공업대학에 입학, 21세에 우수한 성적으로 졸업했습니다. 그는 아라우 학생시절(당시 16살), '빛을 타는' 이미지를 떠올리고 에텔에 상대적으로 움직이는 물체로부터 빛의 발사에 대해서 날카로운 관찰을 했습니다. 이것이 훗날 세계에 대변혁을 불러일으킬 상대성 원리의 싹이 된 것이란 사실은 스스로도 예측하지 못했을 것입니다.

취리히 공업대학에는 사범과가 있었기 때문에 아인슈타인은 이 사범과에서 젊은 교사로 있으며 스스로 연구하면서 교원 생활을 보내려고 했지만 국적 문제나 인종, 또 개인적 관계로 그만두게 되었습니다. 결국 각지를 전전하면서 학원 선생 등을 하며 가난한 생활을 이어갔습니다.

이렇게 해서 그의 유년기, 청년기는 결코 행복하지 않았으며 끊임없이 주위의 경멸과 박해를 받아가면서 학문 연구에 몰두했습니다. 그의 유일

한 위안은 독자적인 입장에서 진리를 탐구하는 것이었습니다. 그중에서도 키르히호프(Kirchhoff), 헬름홀츠(Helmholtz), 볼츠만(Boltzman), 드루드(Drude) 등의 논저를 심취해서 읽었습니다. 연구를 계속 하는 한 편 그를 이해하고 연구에 협력했던 남슬라브의 여성과 1903년에 결혼했지만 몇 년 후에 이별하고, 그 후 친척에 해당하는 에르제 아인슈타인과 베른에서 재혼했습니다. 이 여성은 교양도 풍부하고 성격도 쾌활해서 그는 행복한 가정생활을 하게 됩니다.

일반상대성이론으로 가는 길

아인슈타인이 공업대학을 졸업한 것은 1910년, 21살 때였습니다. 5년 동안 스위스에 있었기 때문에 취리히의 시민권을 얻어 옛날 동창이었던 마젤 그로스만의 도움으로 1902년부터 1909년까지 특허국 기술자로 근무하면서 특허출원품의 예비 심사를 맡았습니다. 덕분에 다양한 기계나 기구의 구조에 대한 지식을 얻을 수 있었고 그동안 '특수상대성이론'이나 '브라운 운동의 이론', '광량자가설' 등을 발표해서 세계의 학자들을 놀라게 했습니다.

그리고 그 진가를 인정받아 1909년에 취리히 대학 특별교수가 되었고, 1910년 프라하의 독일 대학으로 옮긴 후에는 미분기하학의 대가인 피크의 협력으로 '일반상대성이론'의 기초를 닦게 되었습니다. 그리고 1912년 그의 모교인 취리히 공업대학으로 초빙되어 이론물리학 강좌를 담당하고

1913년 베를린 대학의 교수가 되었습니다. 1914년에는 양자론의 선구자 막스 플랑크(Max Planck)의 도움으로 베를린 아카데미의 회원이 되었습니다. 플랑크는 아인슈타인이 1905년에 최초로 발표한 특수상대성원리의 표제 논문 '운동물체의 전기역학에 대해서'의 진가를 최초로 인정한 유명한 학자입니다.

그는 계속 연구를 진행해서 1916년 '일반상대성이론'을 발표했는데이 이론은 영국 천문학자들의 일식 관측으로 그 정확성이 실제로 입증되면서 그의 명성은 세상에 더 널리 퍼졌습니다.

그 후 아인슈타인은 유럽이나 미국, 중국 각지에 강연 여행을 다녔으며, 1921년 일본 여행 도중 노벨상을 받게 됩니다. 그런데 유대계 사람이며 평화주의자, 시온주의자였기 때문에 당시 나치 독일로부터 오해와 박해를 받고 마침내 1933년 나치의 압박을 견디다 못해 미국으로 건너 와, 미국 정부의 보호를 받으며 프린스턴 고등과학연구소의 교수가 되었습니다. 그리고 1955년까지 일반상대성 이론의 개량연구에 전념하고 이어 '통일장 이론'의 수립에 힘을 쏟았습니다. 1939년 원자폭탄 제작의 가능성을 설명한 친서를 대통령에게 전달하여 이른바 맨해튼 계획의 선구자가 된 사실은 유명합니다.

큰 별, 지다

1955년 4월 18일 전 세계 전파는 라디오를 통해서 과학계의 대위인 알

베르트 아인슈타인 박사의 죽음을 알려 많은 사람들을 놀라게 했습니다.

박사의 경력과 위대한 업적은 인류 역사상 두 번 다시 나오기 힘든 것으로 버트런드 러셀도 그를 "세계 인류 시작 이래 가장 현명한 자."라고 절찬했으며, "학문적으로 보아도 인간적으로 보아도 선생처럼 위대한 사람은 앞으로도 나오지 않을 것이다."라고 말했습니다. 아인슈타인 박사는 진정으로 숭고한 대위인으로서 영원히 기억될 것입니다.

수학 이야기로
논술⁺형 수학에 대비하기

제 1 화

토끼 계산과 피보나치수열

토끼 계산

옛날 이탈리아의 유명한 수학자로 레오나르도 피보나치(Leonardo Fibonacci)란 사람이 있었습니다. 피보나치가 고안한 것 중 '토끼 계산' 이라는 것이 있는데 그가 1202년 출판한 『산술서(Liber Abaci)』 속에 다음과 같은 문제가 나옵니다.

'암수 한 쌍의 토끼가 있다. 토끼는 생후 2개월부터 매월 암수 한 쌍의 새끼를 낳는다고 하면 1년 후 월말에는 몇 쌍이 될 것인가?' 라는 문제입니다. 이것은 간단하고 평범한 문제이지만 다음과 같은 재미있는 수열이 나옵니다(참조 참고).

1개월 후	2개월 후	3개월 후	4개월 후	5개월 후	6개월 후
1	2	3	5	8	13
7개월 후	8개월 후	9개월 후	10개월 후	11개월 후	12개월 후
21	34	55	89	144	233

이 표를 보면 각 항은 모두 앞의 두 항의 합이 되는 것을 알 수 있습니다. 예를 들면 4개월 후의 5는 2개월 후와 3개월 후의 합 2+3과 같고, 10개월 후의 89는 8개월 후와 9개월 후의 합인 34+55입니다. 이런 수열을 피보나치수열이라고 합니다.

또 다음 분수에서는 분모는 분모끼리, 분자는 분자끼리 서로 피보나치수열을 만듭니다.

$$\frac{1}{2}, \ \frac{2}{3}, \ \frac{3}{5}, \ \frac{5}{8}, \ \frac{8}{13}, \ \frac{13}{21}, \ \frac{21}{34} \ \cdots\cdots$$

오늘날에는 이것과 유사한 수열이나 해법이 널리 알려져 있지만 처음 이 문제가 세상에 나왔을 때는 매우 신기한 문제로 여겨져 학자들 사이에서 피보나치수열로 불리며 활발히 연구 되었다고 합니다. 피보나치는 보통 피사의 레오나르도로 알려져 있습니다.

피보나치에 대해서

피보나치는 아버지가 아프리카 무역의 중심지인 부지에서 장사를 하고 있었기 때문에 부지의 상업학교에 들어가 그곳에서 처음으로 인도의 기수법을 배웠습니다. 그는 1부터 9까지 아홉 개의 숫자와 아라비아에서 sifr이라고 불리는 0과 함께 10개의 기호를 사용하면 어떤 수라도 자유롭게 쓸 수 있다는 사실을 깨닫고 이것을 자신의 저서 『산술서』에 기록했습니다.

아라비아어 sifr은 sifra(비었음)을 뜻하며 이것이 라틴어의 Zephirum으로 바뀌었고 또 영어의 cipher(숫자의 zero)가 되었습니다.

피보나치는 원래 수학 전문가가 아니었습니다. 아버지와 함께 상업을 하면서 틈틈이 취미로 수학을 연구한 특이한 사람입니다. 그에 대해서는 여러 가지 재미있는 일화가 전해집니다.

피보나치는 앞의 『산술서』 외에도 다양한 수열론이나 방정식론을 비롯해 많은 저서를 남겼습니다. 수 세기에 걸쳐 유럽에서는 그의 저서가 수학 지식의 보고로 일컬어졌습니다. 그의 이름은 국경을 넘어 외국에까지 전해져서 마침내 국왕 프리드리히 2세를 알현하게 되었습니다. 이때 궁정에서 일하던 유명한 수학자 조반니와 서로 수학 문제를 출제해서 푸는 시합을 하게 되었습니다. 조반니가 피보나치가 낸 문제를 한 가지 푸는 동안 피보나치는 조반니가 출제한 것을 모두 풀어서 더욱 유명해졌습니다. 수학사책에 따르면 피보나치가 푼 문제는 다음과 같다고 합니다.

첫 번째 문제는 'x가 어떤 수일 때 x^2+5와 x^2-5가 제곱수가 될까' 였습니다. 그는 곧장 $x=3\frac{5}{12}$ 라고 답했습니다. 왜냐하면 $x=3\frac{5}{12}$ 로

$$(3\frac{5}{12})^2+5=(4\frac{1}{12})^2$$
$$(3\frac{5}{12})^2-5=(2\frac{7}{12})^2$$

이 됩니다.

두 번째 문제는 '$x^3+3x^2+10x=10$을 풀라' 였는데 당시는 아직 일반적인 3차방정식의 대수적 해법이 알려지지 않았지만, 그는 60진법에 의한 분수의 형태로 답을 구했다고 합니다. 답은 근사치로 $x=1°22'7''4'''33^{IV}4^{V}40^{VI}$으로 소수로 나타내면 $x=1.3688081075$ …… 입니다.

일곱 명의 부인 문제

피보나치 문제라고 불리는 것은 또 있습니다. 단 이 문제는 피보나치가 고안한 것이 아니라 고대 이집트의 아메스 문제를 응용한 것으로 알려져 있습니다.

일곱 명의 노부인이 로마로 여행을 떠났습니다. 부인들은 각각 일곱 마

리의 말을 가졌고, 이 말은 일곱 개의 짐을 운반합니다. 각각의 가방에는 일곱 개의 빵이 들어있습니다. 이 빵에는 각각 일곱 개의 나이프가 있고 각 나이프에는 일곱 개의 칼집이 있다고 합니다. 모두 합하면 얼마가 될까요?

빵 하나에 나이프가 일곱 개나 되고, 나이프 하나에 칼집이 일곱 개나 된다니 이야기가 조금 이상하지요? 답은 아래와 같습니다.

$$7(노부인)+7^2(말)+7^3(가방)+7^4(빵)+7^5(나이프)+7^6(칼집)=137256$$

답 137256

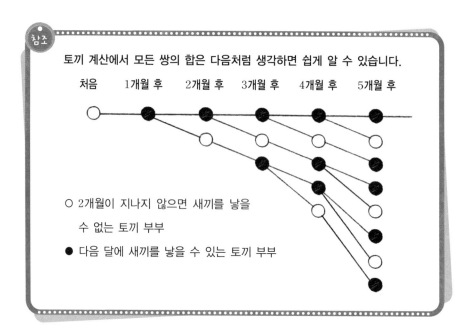

참조

토끼 계산에서 모든 쌍의 합은 다음처럼 생각하면 쉽게 알 수 있습니다.

처음   1개월 후   2개월 후   3개월 후   4개월 후   5개월 후

○ 2개월이 지나지 않으면 새끼를 낳을 수 없는 토끼 부부

● 다음 달에 새끼를 낳을 수 있는 토끼 부부

제 2 화

쥐 계산, 너구리 계산

일본의 옛날 수학책인 『진겁기(塵劫記)』는 따분한 수학을 재미있는 문제로 풀어 놓은 책입니다. 『진겁기』는 요시다 미츠요시(吉田光由)라는 사람이 쓴 유명한 수학책입니다. 그의 사후 유사한 종류의 책이 수없이 많이 발간되었고 『진겁기』라고 하면 일본 수학의 대명사가 되어 도쿠가와 시대의 수학 보급에 크게 공헌했다고 합니다. 그중에 쥐 계산과 너구리 계산 문제가 나옵니다.

쥐 계산

정월에 쥐 부부 한 쌍이 새끼를 12마리 낳았습니다. 가족은 모두 14마리가 되었습니다. 2월이 되자 부모 쥐와 새끼 쥐들이 모두 12마리씩 새끼를 낳아서 모두 98마리가 되었습니다. 이렇게 매월 부모도 자식도 또 그 손자도 모두 12마리씩 새끼를 낳는다면 일 년 동안 쥐 가족은 모두 몇 마리가 될까요? 정답은 276억8257만 4402마리입니다.

지금이라면 고등학교에서 배우는 평범한 수열 문제이지만, 옛날에는 정말 신기한 문제였겠지요? 『진겁기』에서는 다음과 같이 쥐 가족이 늘어나는 모습을 숫자로 나타내고 있습니다.

1월	부모	2마리	7월	태어난 쥐	1,411,788마리
	자식	12마리		부모＋자식	1,647,086마리
2월	태어난 쥐	84마리	8월	태어난 쥐	9,882,516마리
	부모＋자식	98마리		부모＋자식	11,529,602마리
3월	태어난 쥐	588마리	9월	태어난 쥐	69,177,612마리
	부모＋자식	686마리		부모＋자식	80,707,214마리
4월	태어난 쥐	4,116마리	10월	태어난 쥐	484,243,284마리
	부모＋자식	4,802마리		부모＋자식	564,950,498마리
5월	태어난 쥐	28,812마리	11월	태어난 쥐	3,389,702,988마리
	부모＋자식	36,614마리		부모＋자식	3,954,653,486마리
6월	태어난 쥐	201,684마리	12월	태어난 쥐	23,727,920,916마리
	부모＋자식	235,298마리		부모＋자식	27,682,574,402마리

이 책에는 다음과 같은 계산법도 나와 있습니다.

"쥐 두 마리에 7을 12번 곱하면 답이 나온다."

즉 지금 계산으로는 $2 \times (1+6)^{12} = 2 \times 7^{12}$ 에 해당합니다. 또 이 쥐 계산에는 후세 사람들이 추가한 것일지도 모르지만 다음과 같은 문제도 있습니다.

"쥐 276억 8,257만 4,402마리가 모두 하루에 쌀을 반홉씩 먹는다고 하면 하루에 얼마만큼 쌀을 먹을까? (석은 100홉, 두는 10홉-옮긴이)

答 1,384만 1,287석 2두 1홉

또 하나 다음과 같은 문제도 쓰여 있습니다.

"위의 쥐들이 꼬리를 물고 바다를 건너 당나라로 갔을 때 어느 정도 길어질까?" 단, 1리(里)는 36정(町), 1정(町)은 60간(間), 1간(間)은 6척(尺) 5촌(寸), 쥐의 길이는 4촌(寸).

答 78만 8677리 12정 8촌.

지금 보면 정말 유치한 문제이지만 그때는 일반 서민은 물론 무사나 학자도 수리 개념이 거의 없었고 오늘날처럼 1, 2, 3과 같은 아라비아 숫자나 계산 기호도 몰랐습니다. 이런 문제를 통해 일반 사회에 수학 사상을 보급하려고 당시 수학자들이 고심한 흔적을 느낄 수 있습니다.

배로 늘어나는 문제

이것과 마찬가지 문제로 '다다미와 쌀' 문제가 있습니다. 옛날부터 지혜가 뛰어나기로 유명한 소로리 신자에몬은 실존 인물이 아니라 가공의 인물이라는 설도 있지만 그에 관한 여러 가지 일화가 전해집니다. 도요토미 히데요시가 소로리 신자에몬에게 상으로 무엇을 원하는가 하고 묻자 신자에몬은 다다미 한 장에 쌀 한 톨을 놓고 다음 다다미에는 두 톨을, 그 다음은 2배인 네 톨을, 그 다음은 그 2배인 여덟 톨을, 다음은 그 2배인 16톨…… 이와 같은 식으로 100장의 다다미에 모두 쌀을 놓아 달라고 말했습니다.

실제로 이것을 계산해 보면 여섯 장에서는

$$1+2+2^2+2^3+2^4+2^5=2^6-1=63\,\text{톨}$$

여덟 장에서는

$$1+2+2^2+2^3+2^4+2^5+2^6+2^7=2^8-1=255\,\text{톨}$$

16장에서는

$$1+2+2^2+2^3+\cdots+2^{15}=2^{16}-1=65535\,\text{톨}$$

이 됩니다. 여기 다시 2배를 해서 32장에서는

$$1+2+2^2+2^3+\cdots+2^{32}=2^{32}-1=4294967295\,\text{톨}$$

이 되어 16장일 때의 약 6만 6,000배가 됩니다. 따라서 다다미 장수가 늘어날수록 쌀알 수는 엄청나게 증가한다는 것을 알 수 있습니다.

결국 도요토미 히데요시도 신자에몬의 지혜에 두 손을 들고 말았다는 이야기입니다. 다다미 100장이면 $2^{100}-1$로 엄청난 수가 된답니다.

너구리 계산

옛날 일본의 수학책 『산법진서』에 다음과 같은 문제가 있습니다.

너구리는 태평시대를 축하하며 배를 통통 두드리는 재수 좋은 동물인데 8월 초하루에 너구리 한 마리가 나와 배를 세 번 두드렸습니다. 이틀째에는 너구리 두 마리, 여섯 번을 쳤습니다. 사흘째에는 너구리 네 마리가 배치기 12번, 나흘째에는 너구리 여덟 마리, 닷새째에는 16마리, 엿새째에는 32마리, 이처럼 매일 너구리 수가 배로 늘어나서 배를 세 번씩 두드리면 15일째 밤에는 너구리 몇 마리에 배는 몇 번 두드릴까요?

답 너구리 – 3만 3764 번
배 두드리기– 9만8301 번

과연 이 답은 맞을까요? 여러분이 한 번 계산 해보세요. 해답은 너구리 $2^{15}-1$마리, 배치기 $(2^{15}-1)\times3$번이 됩니다.

제 3 화

피라미드 계산

천재 소년 가우스

독일에서 태어난 수학자 가우스에 대해서는 다음과 같은 어린 시절 이야기가 전해집니다.

그는 1777년 4월에 독일 브라운슈바이크의 가난한 벽돌공의 집에서 태어났습니다. 어렸을 때부터 신동이라 불릴 정도로 총명해서 이른바 하나를 가르치면 열을 알았고 특히 암산에 뛰어나서 거의 모든 계산을 암산으로 척척 해내 주위 사람들을 감탄케 했습니다.

어느 날 학교 수학시간에 선생님이 1부터 40까지 수를 쓰고 학생들에게 최대한 빨리 합을 구하라고 했습니다. 수의 등차수열의 문제지만 상대는 초등학생입니다. 선생님은 20분에서 30분은 족히 걸릴 것이라고 생각했는데, 교실 구석 한쪽에 앉아 있던 가우스는 선생님의 말씀이 끝나자마자 "선생님, 답은 820입니다." 하고 대답했습니다. 그리고 더 나가서 (1+40)×20을 하면 된다고 방법까지 말해서 친구들이나 선생님을 깜짝 놀라게 했습니다.

피라미드 계산

다음 그림은 장작을 쌓아 올린 그림입니다. 이 그림을 보고 그 합을 구하려면 학교에서 수열을 배운 친구는 공식을 써서 쉽게 계산할 수 있을 겁니다. 하지만 수열에 대해 아무것도 모르는 친구는 어떻게 하면 좋을까요? 설마 하나하나 세어볼 수는 없겠지요? 이런 유형의 문제를 옛날부터 피라미드 계산이라고 말한답니다.

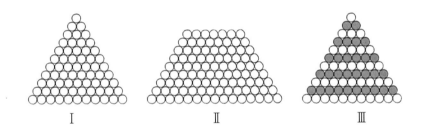

그림 I 은 제일 위가 1, 제일 아래는 11이므로 전체로 치면 11단입니다. 따라서 이 총합은

$$(1+11) \times 11 \div 2 = 66$$

이 됩니다. 다음 그림 Ⅱ에서는 제일 위가 6, 그리고 맨 밑이 14로 9단이 므로 총수는

$$(6+14) \times \frac{9}{2} = 90$$

이 됩니다. 그런데 수열의 총합을 구하는 공식을 모르는 사람은 위에 쓰인 계산이 어떤 원리로 생긴 것인지, 또 그 방법이 옳은지 어떤지 의문이 생 길 것입니다.

자, 그림 Ⅱ에서 이 수의 합을 S라고 하고

$$S = 1+2+3+4+5+6+7+8+9+10+11 \ \cdots\cdots \ (1)$$

이 되고 또 이 수를 11+10+9+…… 과 같이 반대 순서로 쓰면

$$11+10+9+8+7+6+5+4+3+2+1 \ \cdots\cdots \ (2)$$

가 되므로 이 두 식을 더하면

$$2S = (1+11)+(2+10)+(3+9)+(4+8)+(5+7)+(6+6)$$
$$+(7+5)+(8+4)+(9+3)+(10+2)+(11+1)$$

이 되므로 즉 ( )안은 모두 12로 12가 11개가 있는 셈입니다. 그래서 $2S = 12 \times 11$로 양변을 2로 나누면 $S = 6 \times 11 = 66$이 됩니다.

또 그림 Ⅱ에서는 위와 마찬가지로

$$S=6+7+8+9+10+11+12+13+14 \cdots\cdots (1)$$

이것을 거꾸로 쓰면

$$S=14+13+12+11+10+9+8+7+6 \cdots\cdots (2)$$

이므로 (1)+(2)

$$2S=(6+14)+(7+13)+(8+12)+(9+11)+(10+10)$$
$$+(11+9)+(12+8)+(13+7)+(14+6)$$

에서 $2S=20\times9$, 이 양변을 2로 나누어 $S=10\times9=90$이 됩니다.

이 문제에서는 단이 9단이나 11단 정도지만, 만일 단이 많을 경우는 일일이 쓸 수는 없으므로, 다음처럼 식의 중간에 ……을 써서 간단히 표시합니다.

그림 Ⅰ의 방법

1, 2, 3처럼 이어지는 정수(연속 정수)가 있다. 1부터 500까지 연속 정수의 합은 얼마인가?

앞의 문제와 같이

$$S = 1 + 2 + 3 + \cdots\cdots + 500 \ \cdots\cdots \ (1)$$

으로 이것을 거꾸로 쓰면

$$S = 500 + 499 + 498 + \cdots\cdots + 1 \ \cdots\cdots \ (2)$$

이 두 식을 다시 더하면

$$2S = (1 + 500) \times 500$$

양변을 2로 나누면 $S = 501 \times 250 = 125,250$이 됩니다.

여기서 1에서 n까지 연속한 정수의 합을 S라고 하면 S는 다음과 같은 공식으로 구할 수 있습니다.

$$S = (1 + n) \times n \div 2$$

그림 II의 방법

또 그림 II처럼 윗단이 6, 아랫단이 14로 전체가 9단일 경우는 앞에서처럼 $S = (14 + 6) \times 9 \div 2$가 됩니다. 만일 윗단이 8, 아랫단이 100이라고 하면 전체는 $100 - (8 - 1) = 93$단이 되므로

$$S = 8 + 9 + 10 + \cdots\cdots + 100$$

$$S=100+99+98+\cdots\cdots+8$$

$$2S=(100+8)+(99+9)+(98+10)+\cdots\cdots+(8+100)$$

$$=108\times93$$

으로 $S=54\times93=5022$가 됩니다.

일반적으로 윗단의 개수가 a, 아랫단의 갯수가 b일 때, 단수는 $b-a+1$ 이므로 이 수를 n으로 하면 $2S=(a+b)n$이므로 $S=(a+b)\times n\div2$ 가 됩니다.

그림 Ⅲ의 방법

그림 Ⅲ에서 흰색 통나무는 $1+3+5+7+9+11$이고 검은색 통나무는 $2+4+6+8+10$으로 간단합니다. 머리로 더해 맞춰 보아도 어렵지 않겠지만 이것을 $S=1+3+5+\cdots\cdots+31$이라고 하면 어떻게 될까요?

1에서 31까지의 홀수는 $(31+1)\div2=16$개이므로

$$S=1+3+5+\cdots\cdots+31$$

$$S=31+29+27+\cdots\cdots+1$$

$$2S=(1+31)+(3+29)+(5+27)+\cdots\cdots$$

$$2S=32\times16=512$$

이므로 $S=256$이 됩니다.

또 그림 Ⅲ의 검은색 통나무의 경우는 $S=2+4+6+8+\cdots\cdots$ 일 때 마지막 수를 40이라고 하면 그 개수는 20이므로

$$S=40+38+36+\cdots\cdots+2$$
$$2S=(40+2)+(38+4)+(36+6)+\cdots\cdots=42\times20$$

이므로 $S=42\times20\div2=420$이 됩니다. 이상은 수열에 대해 모른다고 가정하고 설명한 것입니다.

제 4화

수학대결

옛날 수학책에는 간단한 수학 문제를 이야기나 퍼즐 형식으로 재미있게 꾸며서 일반 사람들이 수학적 지식을 쉽게 익히도록 만든 문제가 굉장히 많습니다. 다음 문제도 그중 하나입니다.

첫 번째 대결

옛날 큰 나라의 왕이 여러 지역을 정벌하고 천하를 통일하려 했지만 도중에 작은 나라 하나가 방해가 되었습니다. 단번에 쳐들어가서 항복을 받아내기는 쉬웠지만 그 전에 이 작은 나라 사람들의 지혜를 시험해보려고 했습니다. 그래서 사신에게 한 통의 편지를 전하라고 명령했습니다. 그 편지에는 어떤 문제를 사흘 안에 풀고 답장을 할 것, 그렇지 않으면 쳐들어

가겠노라고 써 있었습니다. 그 문제란

여기 둥근 대나무 고리가 있다. 이것을 정확하게 절반으로 나눌 방법을 구하라? 단 길이를 재서는 안 된다.

라는 것이었습니다.

이 문제를 본 작은 나라의 왕은 허둥지둥 신하들을 불러 모아 의논했습니다. 하지만 누구하나 문제를 풀만한 사람이 없자 왕은 이 문제를 푸는 사람에게는 사례를 하겠노라고 전국에 방을 붙였습니다.

그러자 사흘째 되던 날 목수 한 사람이 성으로 달려왔습니다. 한 손에는 직각으로 된 자를, 또 한 손에는 문제를 푼 해답이 적힌 종이를 들고서요. 이것을 본 왕은 크게 기뻐하며 큰 나라 왕에게 답장을 보냈습니다.

자, 여러분 목수는 어떤 방법으로 이 대나무 원을 정확히 반으로 자를 수 있었을까요?

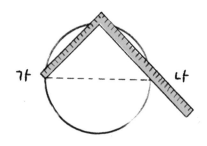

목수가 가지고 온 편지에는 왼쪽과 같은 그림이 그려져 있었습니다.

이 원을 자르는 법은 '반원에 내접하는 각은 직각이다' 라는 기하학 원리를 응용한 것이었습니다. 그림처럼 자를 대면 가와 나가 지름 양쪽에서 만나고 그 점에서 자르면 원이 2등분되는 것이지요.

두 번째 대결

큰 나라 왕은 작은 나라에 지혜가 뛰어난 사람이 있다는 것을 알고 이번에는 신중하게 문제를 출제했습니다. 고심 끝에 편지에 다시 다음과 같은 문제를 써서 사흘 안에 답하라고 사신을 보냈습니다.

높은 나무가 한 그루 있다. 그 높이를 한 뼘이 되는 나무막대만 가지고 재려면 어떻게 해야 할까?

작은 나라 왕은 다시 목수를 불러 문제를 풀어 달라고 했습니다. 하지만 이번에는 목수도 어찌할 바를 몰라 속을 태웠습니다. 결국 다시 전국에 공고를 붙였습니다.

사흘째 되던 날 한 사람의 벌목꾼이 편지를 가지고 허둥지둥 뛰어왔습니다. 그 편지에는 그림과 같이 멋지게 나무의 높이를 재는 방법이 그려져 있었습니다. 왕은 기뻐하며 벌목꾼이 가져온 방법을 적어서 큰 나라 왕에게 답장을 보냈습니다.

벌목꾼이 사용한 물구나무서기 방법을 현재 기하학의 논리로 풀어보면 다음과 같습니다.

벌목꾼은 우선 땅바닥에 손을 대고 엎드리고 다리 사이로 머리를 넣어 나무 꼭대기를 올려다봅니다. 만일 보이지 않는다면 앞뒤로 움직이면서 정확히 보이는 곳에 멈춥니다. 그리고 지금 멈춘 곳과 나무까지의 거리를 재면 그것이 나무의 높이가 됩니다.

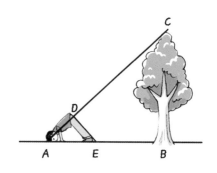

그러면 왜 머리에서 나무까지의 거리가 높이가 될까요? 사람의 몸은 대개 허리에서 머리까지와 허리에서 발까지 길이가 거의 똑같습니다. 따라서 허리를 직각으로 구부리면 그림처럼 직각이등변삼각형 ADE가 만들어집니다. A가 머리, D가 허리, E가 발인 셈이지요.

그러면 삼각형 ADE와 삼각형 ABC는 서로 닮은꼴이 되고 삼각형 ABC도 직각이등변삼각형이 됩니다. 따라서 AB와 BC는 같게 됩니다. AB는 벌목꾼의 머리에서 나무까지 거리이기 때문에 이 길이가 나무의 높이 BC가 되는 것입니다.

세 번째 대결

큰 나라 왕은 이번에야말로 하고 보낸 두 번째 문제마저 작은 나라가 풀어 내자 조금 두려워졌습니다. 하지만 '삼세판'이란 말도 있기에 마지막으로 다음과 같은 문제를 쓴 편지를 보냈습니다.

우리 나라와 너희 나라의 경계에 다리가 있다. 그 다리 밑에서 도둑이 훔친 옷감을 나누려는데 도둑은 몇 명이며 훔친 옷감은 얼마나 되는지 알아맞혀라.

실은 이 도둑이라는 것은 큰 나라 장수가 신하를 도둑으로 꾸며 다리 아래로 보낸 다음 작은 나라의 지혜를 시험하려는 계략이었습니다.

작은 나라 왕이 이 편지를 받아 보자 신하들은 "도둑의 수야, 다리에 가 보면 알지 않겠습니까?"라고 말하며 저마다 앞다투어 달려가려고 했습니다. 그런데 신하들의 소동을 물끄러미 보고 있던 한 포수가 앞에 나와 이렇게 말했습니다.

"서둘러서는 안 됩니다. 지혜롭기로 유명한 큰 나라 왕이 낸 문제가 그렇게 평범할 리가 없습니다. 분명 함정이 있을 것입니다. 도둑을 잡는 것은 제가 전문이니 우선은 제게 맡겨 주십시오. 제가 반드시 맞추겠습니다."

그래서 큰 임무를 맡게 된 포수는 약속한 다리까지 달려갔습니다. 아래를 내려다보니 세 명의 도둑이 옷감을 나누면서 큰 소리로 말하는 것이 들렸습니다.

"옷감을 많이 훔치긴 훔쳤는데 어떻게 나눠야 하나? 한 사람에 여덟 마씩 나누면 일곱 마가 모자란다. 일곱 마씩 나누면 여덟 마가 남고, 정말 큰 일이군.”

“함정은 이것이군. 도둑은 세 명이 아니야. 역시 큰 나라 왕은 지혜가 뛰어나군. ”

그러고는 곧장 왕에게 돌아가 문제의 해답을 말했습니다. 작은 나라 왕은 곧장 해답을 쓴 편지를 큰 나라 왕에게 보냈고 큰 나라 왕은 작은 나라의 지혜가 뛰어난 것을 감탄하고 공격을 그만두었다고 합니다.

그럼 포수는 어떻게 해답을 알아낸 것일까요? 여러분도 함께 도전해보세요. 잘 모를 경우는 아래 해답을 보세요.

해설

도둑15명에 훔친 비단은 113마. 한 사람이 여덟 마씩 가지면 일곱 마가 모자라다는 것은 일곱 마가 더 있으면 여덟 마씩 가질 수 있다는 뜻입니다. 또 한 사람이 일곱 마씩 가지면 여덟 마가 남는다는 것은 비단을 여덟 마 남겨 놓으면 한 사람씩 정확히 일곱 마씩 나누어 가질 수 있다는 이야기입니다.

그러므로 한 사람이 (8마−7마), 즉 한 마씩 더 많이 가지면 8마+7마 = 15마가 필요하게 됩니다. 따라서 도둑의 수는 세 명이 아니라 15명이라는 것을 알 수 있습니다. 비단은 8마×15−7마=113마. 이것을 대수로 풀어 보면 다음과 같은 방정식을 만들 수 있습니다(x는 도둑 수).

$$8x-7=7x+8$$
$$\therefore \ 8x-7=15 \ \ x=15$$

이 방정식을 풀면 도둑이 15명이라는 것을 알 수 있습니다.

거리를 간접적으로 재는 방법

재기 어려운 거리를 측정하기

처음 가는 지역을 여행하려면 우선 그 지방의 지도를 보고 거리를 판단하면서 여행 계획을 세워야 합니다. 흔히 사용하는 지도이지만 생각해 보면 정말 중요한 것으로 산이나 강, 계곡이나 호수 등이 있는 토지의 모양을 한눈에 알 수가 있습니다. 오르기도 힘든 산의 높이나 가까이 하기도 힘든 산과 산의 거리를 어떻게 그렇게 정확하게 잴 수 있는지 신기할 따름입니다. 뿐만 아니라 지구와 달의 거리, 별과 별의 거리까지도 알 수 있습니다.

우리는 어떻게 이런 거리들을 측정할 수 있을까요? 자세한 이야기는 측량학이나 천문학 등 전문 분야가 되므로 여기서는 간단한 경우, 즉 그 측정의 원리에 대해서 살펴보겠습니다.

우선 직접 거리를 재는 도구나 각도를 재는 기구를 가지고 있다고 하고, 다음과 같은 AB 두 지점 사이의 거리를 어떻게 하면 잴 수 있을까, 함께 생각해 봅시다.

3가지 예

예 1   A와 B에는 가까이 갈 수 있지만 그 사이에 장애물이 있는 경우

예 2   A, B 한 쪽에는 가까이 갈 수 있지만 다른 한 편에는 가까이 갈 수 없는 경우

예 3   A에도 B에도 모두 가까이 갈 수 없는 경우

측정법

여러분 중에서 독창적인 방법이 떠오른 사람이 있나요? 우선 한 가지 방법을 소개합니다.

예1 과 예2 의 경우 :

[예1 의 측정법] 다음 그림처럼 A, B 두 지점 사이에 있는 장애물 이외에는 주변에 장애물이 없고 부근 일대가 평지라고 가정합니다.

우선 A와 B가 모두 보이는 위치에 한 지점을 골라 C라고 합니다.

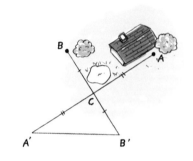

다음으로 AC의 길이와 BC의 길이를 잽니다. 그리고 AC의 연장선상에 C에서 AC와 같은 A′를 정합니다. 또한 BC의 연장선상에 C에서 BC만큼의 거리가 되는 지점에 B′를 정합니다. 그리고 A′B′의 거리를 재면 이것이 A와 B의 거리와 같습니다.

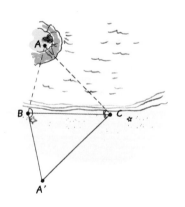

[예2 의 측정법] B점이 있는 기슭은 근처가 전부 평지라고 가정합니다.

우선 B의 한 쪽의 기슭에 한 지점을 선택해서 C라고 하고, A, B, C가 삼각형의 세 꼭짓점이 되도록 합니다. 다음 BC의 거리를 잽니다. 그리고 각도를 재는 기구로 B점에서 A방향과 C방향으로 생기는 각도, 즉 ∠ABC를 잽니다. 또 C 지점에서 ∠ACB를 잽니다.

그다음은 그림처럼 BC가 만드는 각이 ∠ABC와 같게 BA′의 방향을 정하고 ∠ACB와 같도록 CA′의 방향을 정합니다.

이 두 방향의 선이 만나는 지점을 A′이라고 합니다. 여기서 BA′의 길이를 측정하면 B와 A 사이의 거리와 같습니다.

합동 삼각형

앞에서 살펴본 A, B 두 지점의 거리를 재는 방법에서는 직접 A, B의 거리를 구할 수 없기 때문에 같은 지점의 거리를 재는 방법을 사용했습니다. 즉 예1 에서는 AB 대신에 A′B′의 거리를 재었고, 예2 에서는 A′B의 길이를 측정했습니다.

그 이유를 생각해 보면 우선 예1 에서는 A와 B를 점선으로 연결하면 $\triangle ABC$와 $\triangle A'CB'$은 AC=A′C, BC=B′C가 되도록 만들어졌고, 또 ∠ACB와 ∠A′CB′과는 맞꼭지각으로 같게 되어 있습니다. 즉, ∠ACB=∠A′CB′ 입니다.

따라서 이 두 개의 삼각형은 모양도 크기도 완전히 일치하는 삼각형으로 A′B′의 길이를 측정하면 이것이 곧 AB의 길이가 되는 것입니다.

또 예2 를 생각해 보면 A와 B, A와 C를 점선으로 연결하면 $\triangle ABC$와 $\triangle A'BC$에서 ∠ABC=∠A′BC, ∠ACB=∠A′CB가 되고, 또 BC

는 두 삼각형에 공통이므로 이 두 삼각형도 마찬가지로 형태와 크기도 모두 같습니다. 따라서 A′B의 길이를 재면 이것이 AB의 길이가 됩니다. 이처럼 모양도 크기도 완전히 똑같은 삼각형을 '합동삼각형' 이라고 합니다.

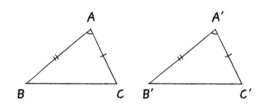

예1 과 예2 에서는 두 개의 삼각형이 특수한 위치에 있었지만 삼각형이 합동일 경우는 위치에 관계없이 왼쪽 그림처럼 두 변이 같고(그림에서는 AB=A′B′, AC=A′C′) 또 그 사이에 끼인 각이 같을 때(그림에서는 ∠BAC=∠B′A′C′) 두 삼각형은 합동입니다.

즉 앞서 거리 측량처럼 △ABC의 변 BC가 장애물 등으로 길이를 직접 잴 수 없을 때는 위 그림의 B′C′의 길이를 재면 됩니다.

또 ∠A′B′C′를 재서 ∠ABC의 크기를 알 수 있습니다.

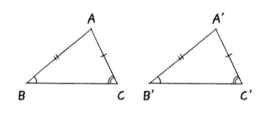

마찬가지로 왼쪽 그림처럼 두 각이 같고(∠B=∠B′, ∠C=∠C′) 그 사이의 변이 같을 때(BC=B′C′), 두 삼각형은 합동입니다.

즉 앞서 본 예2 처럼 장애물 때문에 AB의 길이를 재지 못할 때는 A′B′의 길이를 재서 AB의 길이를 알 수 있습니다.

닮은꼴 삼각형

예 1 , 예 2 의 문제를 해결할 때 그 근처가 평지이고 장애물이 없다고 가정했지만 실제로 그런 일은 없습니다. 따라서 조금 다른 방법으로 문제를 해결해 봅시다.

예 1 우선 앞의 방법과 마찬가지로 B와 A가 보이는 하나의 점 C를 정합니다. 그리고 AC, BC의 길이와 ∠ACB의 크기를 잽니다.

여기서 AC$=5.5m$, BC$=3m$,
∠ACB$=110°$라고 가정합니다.
그리고 종이에 $\triangle$A′B′C′을 다음
처럼 씁니다.

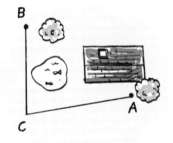

A′C′$=5.5cm$, B′C′$=3cm$,
∠ACB$=110°$

그러면 여기 그린 $\triangle$A′B′C′은 $\triangle$ABC의 $\dfrac{1}{1000}$축도가 됩니다. 이 그림에서 A′B′의 길이를 재고 그것을 다시 1,000배 하면 AB의 길이를 구할 수 있습니다.

앞의 방법에서는 삼각형의 합동 원리를 이용했지만 여기에서는 크기는

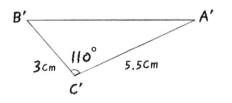

다르지만 모양이 완전히 같은 삼각형을 그려서 문제를 해결했습니다. 이런 삼각형을 닮은꼴 삼각형이라고 합니다.

예 2 의 풀이법

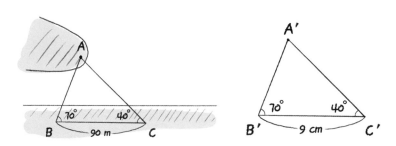

하나의 점 C를 구하는 것은 마찬가지입니다. 또 BC의 길이와 ∠ABC, ∠ACB의 크기도 먼저 재어놓습니다. BC=$90m$, ∠ABC =70°, ∠ACB=40°라고 합시다. 종이에 $\triangle$A′B′C′을 그리고 B′C=$9cm$, ∠A′B′C′=70°, ∠A′C′B′=40°가 되도록 하면 이 삼각형은 $\triangle$ABC의 $\dfrac{1}{1000}$ 축도가 됩니다. 따라서 이 그림에서 A′B′의 길이를 재서 1,000배로 하면 AB의 길이를 알 수 있습니다. 이 경우에도 $\triangle$A′B′C′와 $\triangle$ABC는 닮은꼴이 됩니다.

또 위의 방법으로 닮은꼴 삼각형을 그리는 두 가지 방법을 알 수 있습니다. 즉, 두 변의 길이와 그 사이의 각의 크기를 알거나, 혹은 한 변의 길이나 두 각의 크기를 알면 닮은꼴 삼각형을 그릴 수 있습니다.

예3의 경우

우선 해안에 두 점 C, D를 정하고 CD의 길이를 잽니다. 다음으로 C에

서 A와 B를 바라보고 ∠ACD 및 ∠BCD의 크기를 잽니다. 또 D에서
A와 B를 바라보고 ∠BDC와 ∠ADC의 크기를 잽니다.

예3 의 풀이법

예를 들어 CD$=220m$, ∠ACD$=70°$, ∠BCD$=35°$, ∠BDC$=$
·80°, ∠ADC$=50°$라고 합시다. 우선 종이에 $4.4cm$의 길이로 선분을 하

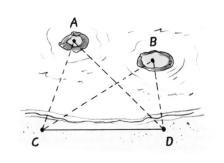

나 그리고 이것을 C′D′라고 합
니다. 다음 C′를 통과하는 직선
과 70°의 각을 이루는 직선과
35°의 각을 이루는 직선을 같은
쪽으로 그립니다. 또 D′을 통과
하고 C′D′과 각각 80°, 50°의

각을 이루는 직선을 같은 쪽으로 그립니다. 그리고 이 선들의 교차점을 A′
와 B′이라고 합니다.

그러면 이곳에 생긴 사변형은 오른쪽의
그림에 나타난 사변형 ABCD의 $\dfrac{1}{5000}$의
축도가 됩니다.

따라서 그림의 A′B′의 길이를 재고 그
것을 5,000배 하면 A와 B의 거리를 구할
수 있습니다.

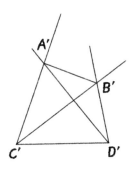

기타의 경우

지금까지 한 이야기는 모두 측정하려는 두 지점이 다른 어떤 지점에서 동시에 볼 수 있는 곳이라고 가정했습니다. 하지만 실제로는 어떤 지점에서도 두 곳을 볼 수 없는 경우도 있겠지요? 아래 그림의 두 지점 A와 B의 거리를 재려면 어떻게 해야 할까요?

첫번째 방법으로는 그림처럼 평지에 C와 D 두 지점을 골라 CA, CD, DB의 길이를 재고 ∠ACD, ∠CDB의 크기를 재고 그것을 바탕으로 축도를 그려서 지금까지와 마찬가지 방법으로 AB의 거리를 알 수 있습니다.

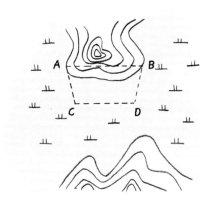

하지만 실제로는 거리를 측정하는 부근의 땅이 평지가 아닌 경우가 더 많습니다. 또 직접 길이를 재거나 각도를 재는 것도 여러 가지 궁리가 필요하게 되며 축도를 그리는 것도 주의해서 정확하게 그려야만 합니다.

지도를 만들 경우 극도의 정확함을 필요로 할 때는 기준이 되는 길이의 측정이 중요하고, 만일 그것에 조금이라도 오차가 있다면 잘못된 지도가 되어 버립니다. 따라서 현재는 축도 대신에 항공사진을 이용해서 측정한답니다.

제 6 화

높이를 간접적으로 측정하는 방법

나무와 그림자

'한 사람이 나무의 길이를 알려고 그림자의 길이를 쟀더니 3.3m였다. 그때 1.8m

의 막대를 땅위에 세웠더니 그림자가 1.08m였다. 이 나무의 높이는 몇 m인가?'

가장 간단한 방법은 같은 시각에 땅에 직각으로 서 있는 물건의 높이와

그 그림자의 길이는 정비례한다는

사실을 이용해서 푸는 것입니다.

위의 문제에서는 나무의 그림자

가 막대 그림자의 $\dfrac{3.3}{10.8}$, 즉 $\dfrac{55}{18}$

배가 되므로 나무의 높이는 막대 높이의 $\frac{55}{18}$배가 되어야 합니다. 따라서 나무 높이는

$$1.8m \times \frac{55}{18} = 5.5m$$

그런데 맑은 날은 그림자가 있어서 잴 수 있지만 흐린 날은 어떻게 하면 좋을까요?

아래는 이등변삼각형의 자를 이용해서 나무의 높이를 재려는 그림입니다. 어느 거리에서 재면 나무의 높이를 알 수 있을까요? 한번 생각해 보세요.

세계에서 가장 높은 산의 높이는 어떻게 잴까요? 이제부터 높이를 재는 방법에 대해 설명할 텐데 그 전에 알아 두어야 할 용어들을 한번 정리해 봅시다.

올려본각과 내려본각

어느 지점에서 실의 끝에 추를 달아 내렸을 경우, 실이 가리키는 방향의 직선을 그 지점의 연직선(鉛直線)이라고 하고, 이 연직선에 수직인 직선을 그 지점의 수평선이라고 합니다.

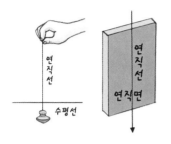

또 연직선이 포함된 평면을 그 지점의 연직면이라고 하고 연직면에 수직이 된 평면을 그 지점의 수평면이라고 합니다.

어느 점에서 다른 점을 관측할 때 그 시선을 포함한 연직면 내에 있고 관측자의 눈을 통과하는 수평선을 생각했을 때, 시선과 그 수평선이 이루는 각이 수평선 위에 있을 때는 그 각을 올려본각이라고 하고, 또 그 각이 수평선 아래 있을 때는 이 각을 내려본각이라고 합니다.

야외에서 이 올려본각 혹은 내려본각을 정확히 재려면 경위의(經緯儀)라는 도구를 사용합니다.

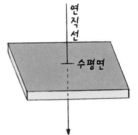

축도를 그리고 높이를 알아내는 방법

예1 다음 그림처럼 굴뚝의 높이를 알려면 어떻게 해야 할까요?

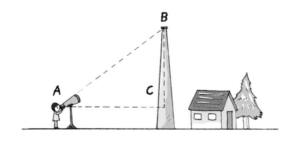

앞서 말한 나무 높이를 재는 방법을 써도 좋지만 또 다른 방법도 있답니다. 우선 이 굴뚝이 보이는 장소에서 경위의를 놓고 지점을 A라고 합니다. 다음 이 A와 동일 수평면 안에 있는 굴뚝의 한 점을 C라고 하고 A와 C의 거리를 잽니다. 다음 A에서 굴뚝의 정상 B를 바라보고 그 올려본각을 잽니다.

지금 AC의 길이가 $40m$, $\angle$A가 35°라고 하면 다음과 같은 축도를 그립니다.

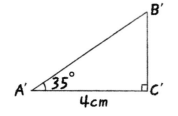

그러면 이 $\varDelta$A′B′C′는 $\varDelta$ABC의 $\dfrac{1}{1000}$ 축도가 되고 따라서 B′C′의 길이를 재서 1,000배 하면 BC의 길이를 알 수 있습니다. 그리고 지면에서 C까지의 높이를 더하면 굴뚝의 높이를 알 수 있습니다.

예 2 호숫가에 솟아 오른 산이 있습니다. 이 산의 정상이 호수면보다 얼마나 높은지 알고 싶습니다. 어떻게 알 수 있을까요?

지금 이 산이 호수의 북쪽에 있다고 가정합니다. 그리고 산 남쪽의 두 지점 B, C에서 산의 정상 A를 바라보는 올려본각을 재고, 다음 BC 사이의 거리를 재면 산 높이를 알 수 있습니다(호수면에서는 배를 이용하면 됩니다).

그리고 만일 A에서 BC의 연장선을 그은 수직선을 AD(실제는 산 속)라고 합니다. 예를 들어 BC의 거리를 $200m$라고 하고 BD위의 B, C 두 지점에서 정상을 바라본 올려본각이 각각 20°와 35°라

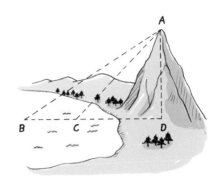

고 합니다. 이것으로 AD의 길이를 구하면 됩니다. 다음과 같은 축도를 그립니다.

우선 B′C′를 $2cm$라고 하고, B′ 및 C′에서 각각 20° 및 35°의 직선을 그어 그 교차점을 A′라고 합니다. 그리고 A′에서 B′C′의 연장선 위에 수직선 A′D′를 그립니다. 그렇게 하면 $\triangle$A′B′D′는

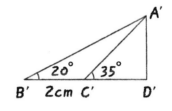

$\triangle$ABD의 $\dfrac{1}{10000}$의 축도가 됩니다. 따라서 A′D′의 길이를 재서 그것을 10,000배 하면 AD, 즉 산의 높이를 알 수 있습니다.

계산으로 높이를 아는 방법

이번에는 축도를 그리지 않고 계산만으로 알 수 있는 방법을 알아 봅시다.

탄젠트 표

각	탄젠트	각	탄젠트	각	탄젠트	각	탄젠트	각	탄젠트	각	탄젠트
1°	.0175	16°	.2867	31°	.6009	46°	1.0355	61°	1.8040	76°	4.0108
2	.0349	17	.3057	32	.6249	47	1.0724	62	1.8807	77	4.3315
3	.0524	18	.3249	33	.6494	48	1.1106	63	1.9626	78	4.7046
4	.0699	19	.3443	34	.6745	49	1.1504	64	2.0503	79	5.1446
5	.0875	20	.3640	35	.7002	50	1.1918	65	2.1445	80	5.6713
6	.1051	21	.3839	36	.7265	51	1.2349	66	2.2460	81	6.3138
7	.1228	22	.4040	37	.7536	52	1.2799	67	2.3559	82	7.1154
8	.1405	23	.4245	38	.7813	53	1.3270	68	2.4751	83	8.1443
9	.1584	24	.4452	39	.8098	54	1.3764	69	2.6051	84	9.5144
10	.1763	25	.4663	40	.8391	55	1.4281	70	2.7475	85	11.4301
11	.1944	26	.4877	41	.8693	56	1.4826	71	2.9042	86	14.3006
12	.2126	27	.5095	42	.9064	57	1.5399	72	3.0777	87	19.0811
13	.2309	28	.5317	43	.9325	58	1.6003	73	3.2909	88	28.6363
14	.2492	29	.5543	44	.9657	59	1.6643	74	3.4874	89	57.2900
15	.2675	30	.5774	45	1.0000	60	1.7321	75	3.7321	90	

위의 표를 사용하는 것입니다. 이 표를 써서 **예 1** 의 굴뚝의 높이를 구해 봅시다.

예 1 에서는 $AC=40m$, $\angle A=35°$라고 가정했습니다. BC의 길이를 구하려면 AC의 길이에 35° 탄젠트를 위의 표에서 구해서 0.7002를 곱합니다. 즉,

BC의 길이 $=40m \times 0.7002 ≒ 28m$

지면에서 C까지 높이를 1.5m라고 하면

굴뚝의 높이 $=28m+1.5m=29.5m$

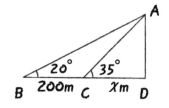

다음으로 예2 에서 산의 높이를 구해 봅시다.

CD의 길이를 xm라고 하고 $\varDelta$ACD를 생각하면

$$\text{AD의 길이}=xm \times 0.7002 \ \cdots\cdots \ (1)$$

그런데 이 xm의 실제 길이를 알지 못하므로 이것을 먼저 구해야만 합니다. $\varDelta$ABD를 생각하고 표에서

$$\text{AD의 길이}=(200+x) \times 0.3640 \ \cdots\cdots \ (2)$$

(1)과 (2)의 좌항은 같으므로 우항을 같게 만들면

$$0.7002x = 0.3640(200+x)$$

$$\therefore \ 0.7002x = 0.3640 \times 200 + 0.3640x$$

$$\therefore \ (0.7002 - 0.3640)x = 0.3640 \times 200$$

$$0.3362x = 72.80$$

$$\therefore \ x \fallingdotseq 216.54$$

이것을 (1)에 대입해서

AD의 길이$=216.54m \times 0.7002 = 151.62m$ 가 됩니다.

2진법과 팔괘의 원리

중국에서 태어난 주역

예로부터 '사람의 운명은 새옹지마'라고 해서 길흉화복을 점칠 수 없는 것이 세상일입니다. 아무리 강한 자신감이 있고 의지가 굳은 사람도 마음 속에는 일말의 불안감을 지니고 세상을 살아갑니다. 하물며 일반 사람들은 끊임없이 마음이 흔들리고 조그만 일에도 우왕좌왕하면서 살아가게 됩니다.

중국에서는 3,000년 전부터 다양한 방법으로 운명을 점치는 일이 유행해서 여러 가지 미신이 생겨났습니다. 그 후 운명을 점치기 위해서 『역경(易經)』이라는 책이 나왔고 사람들은 이 책을 인생의 거친 파도를 헤쳐 나가기 위한 지침으로 삼았습니다. 우리가 보통 '역(易)'이라 말하는 것은 이

『역경』을 가리킵니다. 하지만 이 책은 한문으로 쓰여 있는 어려운 책으로 일반 사람들은 이해하기가 어렵기 때문에 훗날 알기 쉽게 해설을 붙인 책들이 많이 발간되었습니다. 하지만 그 중에는 저속한 책들도 있었고, 이 '역'을 빌미로 사기를 치는 사람들도 많은 탓에 세상 사람들은 '역'에 대해서 불신감을 가지게 되었습니다.

하지만 원래 역점이라는 것은 단순히 개인의 고민이나 운명에 관한 점이 아니라 국가나 민족, 천재지변, 전쟁, 전염병의 유행, 농사의 풍작 등 다양한 일을 예측하는 것이기에 여러 나라의 왕들은 항상 이 역점의 전문가를 두고 열심히 연구했습니다. 그래서 이 기술은 급속도로 발달했고 다양한 유파를 만들어 내게 되었습니다.

역의 기본원리

역은 우선 점대라고 해서 대나무를 가늘게 자른 50개의 막대기와 네모난 나무조각으로 만든 여섯 개의 산목으로 점을 칩니다. 역을 부리려면 우선 점대로 세 번 음양을 판단하고, 산목을 늘어놓습니다. 이것을 윗괘라고 합니다. 그런 다음 또다시 세 번 음양을 정하고 산목을 늘어놓습니다. 이것을 아랫괘라고 합니다. 그러면 다음 그림처럼 위아래 여섯 가지 괘가 나타납니다.

이렇게 해서 여섯 번 되풀이하고 음양

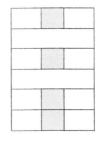

의 규칙에 따라 산목(앞면과 뒷면에 ▬▬ 와 ▬ 기호가 있습니다)을 그림처럼 늘어놓습니다. (1)의 괘를 산천대축(山天大畜), (2)의 괘를 화지진(火地晉)이라고 부릅니다.

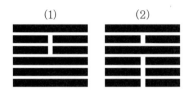

(1)   (2)

역경의 원문은 한문이고 난해하기 때문에 역자(易者)는 자신이 읽을 수 있는 종본(種本)에 의해 위의 괘를 보고 냉정하고 진중하게 운세를 판단하는 것입니다.

역과 2진법

주역에서 운세를 판단하는 원리는 다음과 같습니다. 2진법에서 사용하는 0과 1의 조합과 마찬가지로 양 ▬ 과 음 ▬▬ 을 조합해서 ▬▬ 을 0으로 하고, ▬ 을 1로 하는 팔괘가 기본이 됩니다.

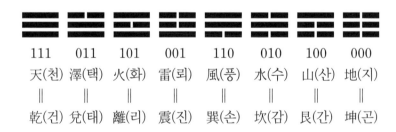

111	011	101	001	110	010	100	000
天(천)	澤(택)	火(화)	雷(뢰)	風(풍)	水(수)	山(산)	地(지)
‖	‖	‖	‖	‖	‖	‖	‖
乾(건)	兌(태)	離(리)	震(진)	巽(손)	坎(감)	艮(간)	坤(곤)

또 양의 ▬ 를 ＋로 나타내고 음의 ▬▬ 을 －로 나타내면 위의 괘는 아래와 같이 됩니다.

天　澤　火　雷　風　水　山　地

(천)　(택)　(화)　(뢰)　(풍)　(수)　(산)　(지)

다시 2진법으로 0부터 7까지 수를 쓰면

0	1	10	11	100	101	110	111
(0	1	2	3	4	5	6	7)

이므로 역의 결정 방법은 2진법과 완전히 같다는 것을 알 수 있습니다.

위의 팔괘의 요소를 역학에서는 '소성팔괘(小成八卦)'라고 부르는데 인생은 복잡하기 이를데 없는 존재로 이 소성팔괘를 다시 조합해서 8^2 즉 64로 하고 또 세분화해 $8^3 = 512$, $8^4 = 4096$으로 나누어 인생의 문제를 다양한 경우로 구분해서 판단합니다.

예를 들어 위에 나온 괘 중 '산천대축' 이 나왔을 경우, 어떤 종본을 보면 이런 이야기가 쓰여 있습니다.

대축이란 크게 모은다, 또는 크게 머무른다는 뜻이다. 따라서 사업을 시작하기에는 절호의 기회이지만 충분히 준비하고 일을 벌여야 하며, 결혼 이야기가 있다면 굉장히 좋은 인연이므로 신중하게 실수가 생기지 않도록 진행해야 한다.

말하자면 역은 어떤 사건이 생겨서 그 일에 대해 망설일 때나 혼란이 왔을 때 제시하는 안내표이므로 어떤 괘를 보아도 둘 중 하나를 선택하는 식으로, 이 학교에 지원하면 반드시 합격한다든지, 이 결혼은 안 된다든지 예스와 노를 분명히 말하는 것이 아니라 어떤 경우에도 항상 희망과 노력, 그리고 성의를 가지고 하고, 사람을 대할 때는 화목한 마음으로 접하라는 뜻을 설명한 것으로서 역경은 하나의 처세술이며 역점은 일종의 선의에 의한 인생의 길잡이라고 할 수 있습니다.

컴퓨터의 원리와 2진법

현대인의 필수품, 컴퓨터의 원리는 2진법을 따른다는 사실 알고 있나요? 그 2진법이 어떤 것인지 좀 더 자세히 알아봅시다.

5진법에 대해서

2진법에 대해 알아보기 전에 우선 10진법, 5진법에 대해 살펴볼까요? 우리는 양손에 각각 다섯 개의 손가락이 있어 0, 1, 2, 3, 4, 5, 6, 7, 8, 9까지 10개의 문자를 써서 모든 수를 자유롭게 쓰고 또 가감승제의 사칙연산이나 제곱근 풀이, 세제곱근 풀이, 대수, 또 삼각측량술, 나아가서는 미분, 적분학을 비롯한 고도의 계산이 가능해졌습니다.

그런데 만일 우리가 이 10개의 숫자를 쓰지 않고 한쪽 손의 손가락 다섯 개에 한해서 0, 1, 2, 3, 4의 다섯 개로 모든 수를 나타내려면 어떻게 될까요?

우선 0, 1, 2, 3, 4는 그대로 괜찮지만 5는 한 자릿수 위로 올라가서 10이라고 쓰고 6은 5와 1이므로 11이라고 씁니다. 마찬가지로 7은 5와 2니까 12, 8은 5와 3이니까 13, 9는 5와 4이므로 14, 10은 5가 두 개이니까 20, 11은 5가 두 개에 1이니까 21이라고 씁니다.

이렇게 하면 15는 30, 16은 31, 17은 32, 18은 33, 19는 34, 20은 40이 됩니다. 또 25는 3자릿수 위로 올라가서 100이 되고, 26은 101, 27은 102와 같이 자릿수를 계속 늘리기만 하면 어떤 수라도 쓸 수 있고 어떤 계산도 할 수 있습니다.

2진법에 대해서

이번엔 0과 1 두 개의 숫자만 가지고, 즉 2진법으로 수를 나타내면 어떻게 될까요?

우선 0과 1은 그대로, 2는 10, 3은 2와 1이므로 11, 4는 2가 두 개니까 100, 5는 4와 1이므로 101, 6은 4와 2니까 110, 7은 6과 1이므로 111, 8은 4의 2배로 1000, 9는 1001, 10은 1010, 11은 1011, 12는 1100, 13은 1101, …… 처럼 모든 수를 0과 1만으로 나타낼 수 있습니다. 다음 표에 1부터 60까지 수를 2진법으로 나타내 봤습니다.

$1 = 2^0 = 1$ $2 = 2^1 = 10$ $3 = 2 + 1 = 11$ $4 = 2^2 = 100$

$5 = 4 + 1 = 101$ $6 = 5 + 1 = 102 = 110$ $7 = 6 + 1 = 111$

$8 = 2^3 = 1000$ $9 = 1001$ $10 = 1010$

$11 = 1011$ $12 = 1100$ $13 = 1101$

$14 = 1110$ $15 = 1111$ $16 = 2^4 = 10000$

$17 = 10001$ $18 = 10010$ $19 = 10011$

$20 = 10100$ $21 = 10101$ $22 = 10110$

$23 = 10111$ $24 = 11000$ $25 = 11001$

$26 = 11010$ $27 = 11011$ $28 = 11100$

$29 = 11101$ $30 = 11110$ $31 = 11111$

$32 = 2^5 = 100000$ $33 = 100001$ $34 = 100010$

$35 = 100011$ $36 = 100100$ $37 = 100101$

$38 = 100110$ $39 = 100111$ $40 = 101000$

$41 = 101001$ $42 = 101010$ $43 = 101011$

$44 = 101100$ $45 = 101101$ $46 = 101110$

$47 = 101111$ $48 = 110000$ $49 = 110001$

$50 = 110010$ $51 = 110011$ $52 = 110100$

$53 = 110101$ $54 = 110110$ $55 = 110111$

$56 = 111000$ $57 = 111001$ $58 = 111010$

$59 = 111011$ $60 = 111100$

2진법으로 얼마가 될까?

여섯 장의 카드를 만들어서 Ⅰ, Ⅱ, Ⅲ, Ⅳ, Ⅴ, Ⅵ으로 하고 Ⅰ에는 $2^0=1$ 이라고 쓰고, Ⅱ는 $2^1=2$, Ⅲ은 $2^2=4$, Ⅳ는 $2^3=8$, Ⅴ는 $2^4=16$, Ⅵ는 $2^5=32$ 라고 씁니다.

Ⅰ	Ⅱ	Ⅲ	Ⅳ	Ⅴ	Ⅵ
$2^0=1$	$2^1=2$	$2^2=4$	$2^3=8$	$2^4=16$	$2^5=32$

예를 들어 37이라는 숫자는 $37=100101$이므로 이 숫자에서 1은 끝에서부터 첫 번째, 세 번째, 여섯 번째 자리에 있다는 것을 알 수 있습니다. 위의 카드의 Ⅰ, Ⅲ, Ⅵ의 합을 보면 $1+4+32=37$이 나옵니다.

또 59를 표에서 보면 $59=111011$로 1이 있는 자리는 끝에서 1, 2, 4, 5, 6의 자리이므로 카드 Ⅰ, Ⅱ, Ⅳ, Ⅴ, Ⅵ의 합을 구하면 $1+2+8+16+32=59$가 나옵니다. 이렇게 해서 모두 2진법으로 나타낸 수는 1이 나오는 자릿수를 보아 곧장 원래 수를 알 수 있고 거꾸로 Ⅰ~Ⅵ의 카드를 써서 모든 수를 2진법으로 나타낼 수도 있습니다(예 : $54=2+4+16+32$ →끝에서 세어서 110110이 됩니다. 또는 $54=32+16+4+2$로 생각해서 이것을 표에 따라 1, 0으로 바꾸어도 110110이 됩니다).

컴퓨터는 모든 수를 0과 1만으로 나타내므로 전등이 점멸에 의해 불이 켜진 것을 1로 하고 꺼진 것을 0으로 하면 어떤 수라도 나타낼 수 있습니다.

2진법과 숫자 놀이

상대방이 어떤 수를 생각하는지 알아맞히는 놀이로 2진법의 원리를 이용한 것입니다.

우선 A는 B에게 어떤 수를 생각하게 합니다. 단 60이나 50이하 등 제한을 두면 좋습니다. 만약 B가 44를 생각했다고 합시다.

A : "당신이 생각한 수는 2로 나누어떨어집니까?"

대답은 그렇다 혹은 아니다로 나누어집니다.

B : "네." …… (1)

A : "지금 답은 2로 나누어떨어집니까?"

$22 \div 2 = 11$이므로

B : "네." …… (2)

A : "또 그 답은 2로 나누어떨어집니까?"

그런데 11은 2로 나누어떨어지지 않으므로

B : "아니오." …… (3)

A : "또 그 답은 2로 나누어떨어집니까? "

$5 \div 2 = 2$가 몫이고 나머지가 1이므로

B : "아니오." …… (4)

A : "또 그 답은 2로 나누어떨어집니까?"

$2 \div 2 = 1$이므로

B : "네." …… (5)

A : "또 그 답은 2로 나누어떨어집니까?"

1은 홀수이므로

B : "아니오." …… (6)

라고 대답하고 B는 여기서 멈춥니다. 그러면 A와 B의 답을 검토해봅시다.

(1), (2), (5)에서 '네', (3), (4), (6)에서 '아니오'라고 대답했기 때문에 '네'를 0, '아니오'를 1로 하면 카드 Ⅲ, Ⅳ, Ⅵ의 합 4+8+32=44가 B가 처음에 생각한 수입니다. 이것은 '아니오'라고 답한 카드 수의 합을 구하면 됩니다.

제 9 화

뛰어난 수리의 승리

태양계의 행성

태양을 중심으로 회전하는 행성은 수성, 금성, 지구, 화성, 목성, 토성 외에도 천왕성, 해왕성이 있습니다.

이 중에 천왕성이 발견된 것은 1781년으로 천문학자들은 긱 행성이 운행하는 궤도나 회전 상태 등을 상세하게 조사하고 천문학상의 수리계산과 운행 상태가 모두 일치한다는 사실을 깨달았습니다. 그런데 1820년 프랑스 천문학자 부발이 토성과 목성, 천왕성의 위치를 계산했더니, 목성과 토성은 정확히 일치했지만 천왕성의 위치와 운행 상태는 아무래도 판단하기 어려운 차이가 보였습니다.

천문학자들 사이에서 이 문제에 대한 논의가 시작되었지만 쉽게 해결되지 못하자 1820년부터 24년에 걸쳐서 구미의 천문학자들이 일제히 이 문제에 대해 연구하기 시작했습니다.

일반적으로 행성은 태양의 인력에 따라 움직임이 결정되고, 또 다른 행성의 인력작용이 미치는 영향에 따라 수정됩니다. 천왕성의 위치와 운행 상태가 수리상의 계산과 일치하지 않는 것은 아마도 이 행성보다 더 멀리 떨어진 곳에 있는 미지의 행성에 의한 영향일 것이라는 생각에 학자들은 의견을 일치했습니다.

하지만 이 미지의 행성을 발견하는 것은 쉽지 않았습니다. 그 후 20년이 넘는 세월 동안 전문가들은 앞다투어 이 미지의 천체를 파악하기 위해 필사적으로 노력했지만 모두 실패로 끝나고 말았습니다.

새로운 행성의 존재를 예언

파리 천문대에 근무하던 젊은 수학자 르베리에(Le Verrier)는 천문학에 조예가 깊었고 또 발군의 수학 천재로 여러 혜성이 행성에 의해 궤도를 바꾸는 상태를 수학적 계산으로 정교하게 입증해서 학계에 이름을 널리 알리고 있었습니다.

그는 목성이나 토성이 천왕성에 미치는 인력에 대해 더욱 상세하게 검토하고 만유인력의 법칙을 주축으로 해서 '보데의 법칙'(p.179 참조)에 따라 복잡 정밀한 계산을 완성해서 다음과 같은 답을 발표했습니다. 1846년 8월 31일의 일입니다.

찾고 있는 행성은 천구상(天球上) 적위 316°에서 염소자리 델타성의 동방 5°에 있고 태양을 일주하는 데 217년이 걸린다.

르베리에는 자신만만하게 이 사실을 파리과학원에 보고하면서 9월 18일에는 벨 천문대의 갈레(Galle)에게 같은 보고서를 보내 이 사실을 확인하도록 요청했습니다.

같은 해 9월 23일 청명한 밤, 그가 예언한 천공의 위치에 망원경을 맞추고 갈레가 직접 관측하자 지금까지 성도에 없던 별이 발견되었습니다. 그 별은 약 8등성 정도이며 두 개의 소위성을 지니고 있었습니다.

지금까지 많은 신성의 발견은 망원경의 관측에 근거해서 공표했지만 르베리에처럼 실제 관측을 하지 않고 오로지 수리상의 계산으로 그 존재를 예언한 것은 천문학상 극히 드문 일로 전세계의 천문학계를 깜짝 놀라게 했습니다. 하지만 정작 르베리에는 세계적인 발견에 대해 자신의 공을 자랑하지도 않고 평생동안 단 한 번도 그 별을 망원경으로 들여다보려고 하지도 않았다고 합니다.

애덤스의 논문

이 신성의 발견에 대해 재미있는 일화가 전해집니다. 영국의 케임브리지 대학 출신의 젊은 천문학자 중 애덤스(Adams)라는 수학자가 있었습니다. 그도 르베리에와 마찬가지로 천왕성의 위치와 운행의 궤도에 대해 열심히 연구하다가 1845년 11월 21일 즉, 르베리에보다 1년 일찍 새로운 행성이 있을 위치를 예언한 논문을 그리니치 천문대에 보고했습니다. 그런데 이 젊은 수학자의 논문을 천문대장은 그다지 중요시하지 않았는지 이 귀중한 논문은 세상에 빛을 보지 못하고 잊혀졌습니다.

다음 해가 되어 프랑스의 천문대에서 대대적으로 르베리에가 새로운 행성을 발견했다는 보도가 나오자 그리니치 천문대장은 애덤스의 논문이 생각나 다시 살펴보았고, 르베리에의 논문과 완전히 일치하는 결과임을 확인했습니다. 천문대장 에어리는 자신의 경솔함과 실수를 크게 사과하면서 애덤스의 논문을 공표했습니다.

영국에서는 천문대장의 무책임을 비난하는 목소리가 높아졌고, 프랑스인은 그런 영국을 비웃었지만 정작 당사자인 두 수학자들은 세상의 소동에 아랑곳하지 않고 서로의 발견을 축하했다고 합니다. 결국 이 두 사람과 앞서 망원경으로 신성을 처음 발견한 갈레를 포함해 세 사람의 공동 발견으로 하고 이것을 해왕성으로 이름지었습니다.

명왕성의 발견

그 후 미국 천문학자 퍼시벌 로웰 박사는 천왕성의 궤도를 연구해서 해왕성보다도 더 먼 곳에 미지의 행성이 존재한다고 예언했습니다. 또한 스스로 로웰 천문대를 건설해서 열심히 그 실태를 조사했지만, 목적을 이루지 못하고 세상을 떠났습니다.

그런데 박사가 세상을 떠난 지 24년이 지난 1930년 10월 21일에 이 천문대의 조수 톰보에 의해 박사가 예언한 위치에 새로운 행성이 발견되었습니다. 이것이 명왕성입니다.

보데의 법칙

독일 천문학자 보데는 1772년 당시 알려진 여섯 개의 행성 즉, 수성, 금성, 지구, 화성, 목성, 토성의 위치에 대해 행성간에 상호 일정한 관계가 있을 것으로 생각하고 다음과 같은 수를 만들었습니다. 즉, 지구에서 태양까지 거리를 1이라고 하고 이것을 1천문단위라고 부르면 우선 4를 6개 늘어놓아 4, 4, 4, 4, 4, 4 라고 씁니다. 이것을 순서대로 더해 10으로 나누면 다음과 같은 결과가 나옵니다.

4	4	4	4	4	4	4	4
0	3	6	12	24	48	96	192
0.4	0.7	1.0	1.6	2.8	5.2	10.0	14.6

그런데 실제 거리를 천문단위로 나타내면

수성	금성	지구	화성	목성	토성
0.39	0.72	1.00	1.52	5.20	9.54

이 됩니다. 이것을 보면 화성과 목성 사이에 해당하는 2.8이라는 수가 빠져 있지만 다른 수치는 대개 일치하고 있어 천문학자들 사이에서는 이것을 보데의 법칙이라고 부르며 연구에 참고로 하고 있습니다.

수학유희로
수학놀이 만들기

1. 계산 퍼즐

문제1　A는 B에게 다음과 같은 계산을 하도록 했습니다.

"당신이 생각하는 수를 공책에 쓴 후 그 수에 11을 더하고 다시 2를 곱하시오."

계속해서 "그 답에서 20을 빼고 다시 5를 곱하시오."라고 말했습니다. 그리고 마지

막으로 "그 수에서 처음 당신이 쓴 수의 10배를 빼시오."라고 말합니다.

　B가 A의 말대로 계산을 하는 동안 물론 A는 그 계산을 볼 수 없습니다. B의

계산이 끝난 뒤 A가 B에게 "그 답은 10입니다."라고 말하면 B는 깜짝 놀랄 것입

니다. A는 어떻게 그 수를 알아낸 것일까요?

먼저 상대방에게 다음과 같은 문제를 냅니다.

① 어떤 수든 하나를 생각하시오.

② 그 수에 3을 곱하시오.

③ 그리고 구한 답에 1을 더하시오.

④ 그 답에 다시 3을 곱하시오.

⑤ 그 답에 처음 생각한 수를 더한 후 답을 말하시오.

상대방이 처음 생각한 수는 53입니다. 어떻게 알았을까요?

A가 B에게 다음과 같은 문제를 냈습니다.

① 11부터 99까지의 숫자 중에서 하나를 생각하시오.

② 그 수에 90을 더하시오.

③ 구한 답의 백의 자릿 수를 지우고 그 답에 1을 더하시오.

④ 얼마가 됩니까?

이것으로 문제는 끝. B가 처음 68을 생각했다고 하면 계산은 다음과 같습니다.

$68+90=158$이므로 백의 자리 숫자를 지우면 58, 여기에 1을 더하면 $58+1=59$가 됩니다. B는 59라고 A에게 말합니다. A는 59에 9를 더해서 B가 생각한 수는 $59+9=68$이라고 말하면 정답! 왜일까요?

문제 4   A가 B에게 말합니다.

① 좋아하는 양수를 하나 생각하시오.

② 그 수에 1을 더한 수를 더하시오.

③ 구한 답에 11을 더하시오.

④ 그 답을 2로 나누시오.

⑤ 그 답에서 처음 생각한 수를 빼시오.

*689를 생각했다면

```
      6 8 9
  +   6 9 0
  ─────────
    1 3 7 9
  +     1 1
2 ) 1 3 9 0 (6 9 5
          - 6 8 9
          ───────
                6
```

*3933을 생각했다면

```
      3 9 3 3
  +   3 9 3 4
  ───────────
      7 8 6 7
  +       1 1
2 ) 7 8 7 8 (3 9 3 9
          - 3 9 3 3
          ─────────
                  6
```

B는 다른 수도 여러 가지 생각했지만 대답은 신기하게도 모두 6이었습니다. 왜 그럴까요?

문제 5   우선 A는 자기에게 보이지 않게 B에게 세 자리 숫자를 쓰게 합니다. 단, 같은 숫자가 반복되지 않도록 합니다. 예를 들어 B가 852를 썼다고 하면 그 숫자를 반대 순서로 씁니다. 852를 거꾸로 한 수는 258이므로 852 밑에 258이라고 쓰고, 두 수의 차를 계산합니다(만일 아래 수가 위의 수보다 클 경우에는 아래 수에서 위의 수를 빼면 됩니다).

이때 A는 B에게 "당신이 계산한 답의 마지막 숫자를 하나만 말하면 답을 맞추겠다."라고 하며 마지막 숫자를 묻습니다.

그러자 B는 4라고 대답하고 A는 즉시 "답은 594이다."하고 답했습니다. 어떻게 알았을까요?

$$
\begin{array}{r}
8\ 5\ 2 \\
-\ 2\ 5\ 8 \\
\hline
5\ 9\ 4
\end{array}
$$

문제 6 아무것도 말하지 않고 한번에 알아맞히는 놀이입니다. 우선 앞의 문제들처럼 A는 B에게 자신이 생각한 3자리수와 그 수를 거꾸로 읽은 수를 쓰고 뺄셈을 하게 합니다. B가 631을 썼다면 앞의 문제와 마찬가지로 631−136=495입니다. 이번에는 그 답 밑에 이 수를 다시 거꾸로 한 수 594를 쓰고 두 수를 더하게 합니다. B가 계산을 끝내면 A는 "당신이 쓴 수는 1089입니다."하고 단번에 맞힙니다. 어떻게 한 걸까요?

해설

문제 1 어떤 수라도 모두 답은 10이 되므로 이런 종류의 문제는 두 번 연속으로 내면 안 됩니다. 매번 방법을 바꾸어서 내야 하지요. 처음 수를 x로 하면 문제는

$$\{(x+11)2 \times -20\} \times 5 - 10x$$

이므로 이것을 계산하면

$$(2x+22-20) \times 5 - 10x$$

$$=(2x+2) \times 5 - 10x = 10x + 10 - 10x = 10$$

이 됩니다.

문제 2 처음 수를 x라고 하면 다음과 같습니다.

$$(3x+1) \times 3 + x = 53$$

$$10x + 3 = 53에서 \ x = 5$$

만일 위의 문제에서 1을 더하는 대신 2를 더하면

$$(3x+2) \times 3 + x$$

이므로 이 답을 상대방이 만일 96이라고 하면 '답은 9'라는 식으로 자유롭게 문제를 바꿀 수 있습니다.

문제 3 모든 2자리 숫자는 $10a+b$의 형태로 나타낼 수 있습니다(예를 들어 $35=30+5$, $73=70+3$). 결국 십의 자리 숫자를 a, 일의 자리 숫자를 b라고 하면 생각한 2자리 수 x는 $x=10a+b$입니다. 여기에 90을 더하면 $10a+b+90$으로 이 90은 $100-10$ 이므로

$$x+90=100+10a+b-10=100+10(a-1)+b$$

가 됩니다. 백의 자리의 100을 지우고 1을 더하면 $10(a-1)+b+1$ 즉, $10a+b-9$가 되므로 $10a+b-9$에 9를 더하면 생각한 수인 $x=10a+b$가 나옵니다.

문제 4 어떤 수를 x라고 하면 다음 식이 만들어집니다.

$$\frac{x+(x+1)+11}{2}-x$$

이것을 계산하면 $\frac{2x+12}{2}-x$, 즉 $x+6-x$이므로 위의 식은 6이 됩니다. 이 문제에서 11대신 3을 더하면 답은 2가 되고, 5를 더하면 답은 3이 되고, 7을 더하면 답은 4가 됩니다. 이처럼 여러 가지 문제를 만들 수 있습니다.

문제 5 3자리 정수와 그 수를 거꾸로 한 수를 뺀 답의 가운데 숫자는 항상 9입니다. 그리고 가장자리 두 수의 합은 항상 9가 됩니다. 따라서 일의 자리 숫자가 4라면 백의 자리는 5이며 가운데는 9로 정해져 있습니다.

예를 들어 3자리 숫자 731을 보면 거꾸로 한 수는 137이므로 731−137=594처럼 가운데 수는 9이고 양쪽 가장자리 수의 합은 5+4=9가 됩니다.

문제 6 3자리 수라면 어떤 수라도 답은 항상 1089이므로 이 문제는 한번 이상 사용하면 금방 수수께끼가 들통이 납니다.

이 3자리 수는 어떤 수라도 상관 없지만 백의 자릿 수와 일의 자릿수의 차이가 1이 될 때에는 아래 계산(A)처럼 837−738=99를 099로 하고, 거꾸로 된 수를 990으로 하여 계산합니다. (B)처럼 계산해서는 안 됩니다.

```
(A)     8 3 7                (B)     8 3 7
     −  7 3 8                     −  7 3 8
     ─────────                    ─────────
        0 9 9 ···(1)                 9 9 ···(1)
     +  9 9 0 ···(2)              +  9 9 ···(2)
     ─────────                    ─────────
      1 0 8 9                       1 9 8
```

2. 트럼프 놀이

트럼프 종류는 검은 카드인 클로버와 스페이드, 빨간 카드인 다이아몬드와 하트가 있습니다.

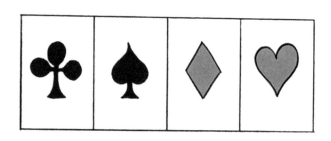

종류는 1(에이스), 2, 3, …… 10까지 10장과 그림 카드 잭, 퀸, 킹이 있어 모두 13장으로 전체는 13×4 = 52장입니다(조커는 제외합니다).

문제 1 A에게 트럼프 1에서 9까지 중에서 아무 카드나 두 장을 고르게 합니다. 예를 들어 아래 그림처럼 다이아몬드 4와 하트 5를 꺼내면 이것을 45라고 합니다.

다음 두 장의 합을 4+5=9라고 합니다. 그리고 45+9=54라고 합니다.

A는 답 54만을 말하고 B는 A가 처음 고른 수를 알아맞히는 문제입니다.

우선 이 답을 11로 나누어서 54÷11= 4 와 나머지 10이라고 합니다. 그러면 이 4 가 십의 자리 숫자가 되며 나머지인 10을 2로 나눈 수 10÷2= 5 는 1의 자리 숫자가 됩니다. 왜 그럴까요?

카드 (x) (y) 를 고를 때 2자리 수는 $10x+y$로 나타낼 수 있습니다.
$(10x+y)$와 $x+y$의 합을 54라고 하면

$$10x+y+x+y=54 \ \cdots\cdots(1)$$
$$즉\ 11x+2y=54 \ \cdots\cdots(2)$$

여기서 식(2)는 $11x=54-2y$가 되고 양변을 11로 나누면

$$x=\frac{54-2y}{11}\ 에서\ x=4+\frac{10-2y}{11}\cdots\cdots(3)$$

x는 물론 정수이므로 $\frac{10-2y}{11}$가 0이 될 때를 생각해서 $10-2y=0$에서 $y=5$를 구합니다. 그때 $x=4$이므로 답은 왼쪽부터 4와 5가 됩니다.

문제 2 12장의 트럼프를 시계 문자판처럼 늘어놓습니다. 단 11은 잭, 12는 퀸으로 합니다.

우선 상대방에게 12보다 작은 수를 생각하게 합니다. 상대가 4를 생각했다고 가정해 볼까요? 둘러싼 카드 8에서 시계 바늘 반대 방향으로 8, 7, 6, …… 으로 상대가 생각하는 숫자에서 시작해서 20까지 수를 센 다음 그 카드를 집게 합니다.

즉 상대방이 4를 생각하고 있으므로 카드 8을 4로 생각하고, 카드 7을 5, 카드 6을 6, 카드 5를 7로 순서대로 생각하면 정확히 20번째는 카드 4가 됩니다. 만일 상대방이 10을 생각했다면 카드 8을 10, 카드 7을 11로 순서대로 생각하면 20번째 카드는 10이 됩니다.

이렇게 20번째 카드를 잡게 하면 항상 상대방이 생각하는 숫자가 나옵니다. 단 그림처럼 숫자가 보이게 해 놓으면 방법이 금방 탄로나기 때문에 트럼프를 모두 뒤집어 두면 알아차리지 못합니다.

다른 방법도 있습니다. 20대신 21로 하면 상대가 잡은 카드보다 하나 뒤의 수가 상대가 생각한 수가 되고, 20대신 19로 하면 상대방이 가리킨 카드보다 하나 앞의 수가 상대가 생각한 수입니다.

예를 들어 21번째 카드를 잡게 해서 나온 카드가 7이라면 8이 상대가 생각한 수입니다. 또 20대신 19번째 카드로 했을 경우 상대가 잡은 카드가 9라면 생각했던 수는 8입니다.

3. 숫자 맞추기

A가 B에게 다음과 같이 말했습니다.

"어떤 수이든지 당신이 생각하는 수를 쓰시오. 그 수에 9를 곱하고 구한 답의 숫자에서 0이 아닌 숫자를 하나만 지우시오. 그리고 남은 숫자를 모두 더하시오."

이때 B가 10이라고 대답하면 A는 곧 B가 지운 수를 8이라고 알아맞히게 됩니다.

　어떤 수이든지 그 숫자를 모두 더한 것을 9로 나눌 때, 그 나머지는 원래 수를 9로 나눈 나머지와 같습니다.

　예를 들어 768의 경우 숫자의 합은 $7+6+8=21$로 $21 \div 9=2$와 나머지 3이 됩니다. 또 3546은 $3+5+4+6=18$로 $18 \div 9=2$ 나머지가 0이 됩니다. 나머지가 0이라는 것은 9로 나누어떨어진다는 뜻입니다. 3546을 9로 나누어 보면 떨어지는 것을 알 수 있습니다. 왜 이렇게 되는지 알아볼까요? 우선 768로 설명해 봅시다.

$$768=700+60+8로\ 700=7(99+1),\ 60=6(9+1)이므로$$
$$768=7(99+1)+6(9+1)+8$$
$$=(7 \times 99+6 \times 9)+7+6+8$$

이 됩니다. 이 식에서 7×99도 6×9도 모두 9로 나누어떨어지므로 이 수는 9의 배수이며 $(7+6+8)$을 합한 것과 같습니다. 따라서 $7+6+8$을 9로 나눈 나머지는 768을 9로 나눈 나머지와 같은 수가 되는 것입니다.

　이 규칙은 모든 수에 마찬가지로 적용됩니다. 예를 들어 789251을 9로 나누면 나머지는 얼마일까요? $7+8+9+2+5+1=32$, $32 \div 9=3$과 나머지 5가 됩니다. 하지만 또 다른 방법이 있습니다. $7+8=15$에서 9를 뺀 값 6에 2와 5의 합 7을 더해 13을 만듭니다. 이 값에서 다시 한 빈 9를 빼 4를 만들고 마지막으로 1을 더해서 5를 구합니다. 이렇게 더하는 도중에 9를 계속 빼면 굉장히 편리합니다. 이런 방법을 구거(九去)계산법이라고 합니다.

　이 문제에서 B가 7이라고 대답했다고하면 B가 지운 숫자는 $9-7=2$, B가 13이라고 대답했다면 지운 숫자는 $18-13=5$가 됩니다.

　결국 B는 자신이 생각한 수에 9를 곱한 것이므로 그 숫자의 합은 9로 나누어떨어집니다. 따라서 숫자의 합은 9나 18, 27, 36,……인데 B는 숫자의 합이 10이라고 했습니다. 따라서 B가 지운 것은 $18-10=8$이 됩니다.

4. Four Fours 문제

문제 1 영국의 라우즈 볼(W. W. Rouse Ball)이라는 수학자는 4라는 숫자를 네 번 써서 1부터 112까지 수를 모두 나타내는 방법을 발견하고 이것을 Four Fours 문제라고 불렀습니다. 그 후 호기심 많은 사람들에 의해 1,000까지 숫자에 대해서도 같은 문제를 푼 것이 소개되었습니다. 단 113, 157, 878, 881 등 아홉 가지 수에 대해서는 Four Fours 문제를 아직 아무도 푼 사람이 없다고 합니다.

예를 들어

$$0 = 44 - 44 \qquad\qquad 1 = \frac{44}{44} \qquad\qquad 2 = \frac{4}{4} + \frac{4}{4}$$

$$3 = \frac{4+4+4}{4} \qquad 4 = 4 + (4+4) \times 4 \qquad 5 = \frac{4 \times 4 + 4}{4}$$

$$6 = \frac{4+4}{4} + 4 \qquad 7 = \frac{44}{4} - 4 \qquad\qquad 8 = 4 + 4 + 4 - 4$$

$$9 = 4 + 4 + \frac{4}{4} \qquad 10 = \frac{44-4}{4} \qquad\qquad 11 = \frac{4}{.4} + \frac{4}{4}$$

여기서 $\frac{4}{.4} = \frac{4}{0.4} = 10$ 입니다. 여러분도 이 식을 따라 12부터 30까지 한 번 각자 생각해 보세요.

휴얼(W. Whewell)이라는 사람은 숫자 9를 4번 써서 1부터 132까지 수를 만들었습니다. 132보다 큰 수는 어디까지 만들 수 있을지 모르지만 1부터 100까지 수에 대해서는 다음과 같은 방법이 소개되었습니다.

$$0 = 9+9-9-9 \qquad \text{또는} \qquad 99-99$$

$$1 = \frac{99}{99} \qquad \text{또는} \qquad \frac{9\times 9}{9\times 9}$$

$$2 = \frac{9}{9}+\frac{9}{9} \qquad \text{또는} \qquad \frac{99}{9}-9$$

$$3 = \frac{9+9+9}{9} \qquad \text{또는} \qquad 4 = \frac{9}{9}+\frac{9}{\sqrt{9}}$$

$$5 = 9-\frac{9}{9}-\sqrt{9} \qquad \text{또는} \qquad \frac{9+9}{9}+\sqrt{9}$$

$$6 = \sqrt{9+9+9+9} \qquad \text{또는} \qquad 9-9+9-\sqrt{9}$$

$$7 = 9-\frac{9+9}{99} \qquad \text{또는} \qquad 9-\sqrt{9}+\frac{9}{9}$$

$$8 = \frac{9\times 9-9}{9} \qquad \text{또는} \qquad \frac{99}{9}-\sqrt{9}$$

$$9 = 9+\frac{9-9}{9} \qquad \text{또는} \qquad \frac{9\times\sqrt{9\times 9}}{9}$$

$$10 = \frac{99-9}{9} \qquad \text{또는} \qquad \frac{9\times 9+9}{9}$$

$$11 = \frac{9+9}{9}+9 \qquad \text{또는} \qquad 9+\sqrt{9}-\frac{9}{9}$$

$$12 = \frac{99+9}{9} \qquad\qquad \text{또는} \qquad \sqrt{9}+\sqrt{9}+\sqrt{9}+\sqrt{9}$$

$$13 = 9 + \frac{9}{9} + \sqrt{9}$$

14부터는 여러분이 한 번 직접 만들어 보세요.

해설

문제 1

$$12 = \frac{44+4}{4} \qquad\qquad 13 = \frac{4-.4}{.4} + 4 \,(.4=0.4)$$

$$15 = \frac{44}{4} + 4 \qquad\qquad 16 = 4+4+4+4$$

$$17 = \frac{4}{4} + 4 \times 4 \qquad\qquad 18 = \frac{4}{.4} + 4 + 4$$

$$19 = \frac{4+4-.4}{.4} \qquad\qquad 20 = \left(4 + \frac{4}{4}\right) \times 4$$

$$21 = \frac{4.4+4}{.4} \qquad\qquad 22 = \frac{44 \times \sqrt{4}}{4}$$

$$23 = \frac{4! \times 4 - 4}{4} \quad (4! = 4 \times 3 \times 2 \times 1)$$

$$24 = 4 \times 4 + 4 + 4 \qquad\qquad 25 = 4! + \frac{\sqrt{4}+\sqrt{4}}{4}$$

$$26 = 4 \times 4 + \frac{4}{.4} \qquad\qquad 27 = 4! + \frac{4}{4} + \sqrt{4}$$

$$28 = 44 - 4 \times 4 \qquad\qquad 29 = \frac{4}{.4 \times .4} + 4$$

$$30 = \frac{4+4+4}{.4}$$

문제 2

$$14 = \frac{99}{9} + \sqrt{9}$$

$$15 = 9 + 9 - \frac{9}{\sqrt{9}} \qquad \text{또는} \qquad \frac{9+9}{\sqrt{9}} + 9$$

$$16 = \frac{9}{.9} + 9 - \sqrt{9} \qquad\qquad 17 = 9 + 9 - \frac{9}{9}$$

$$18 = 9 + 9 + 9 - 9 \qquad\qquad 19 = 9 + 9 + \frac{9}{9}$$

$$20 = 9 + \frac{99}{9}$$

5. 마법의 카드

 다음과 같은 카드놀이가 있습니다.

숫자를 빼곡히 적어 놓은 A, B, C, D, E, F 여섯 장의 카드가 있습니다. 이 카드를 보여 주고 상대방이 생각하는 수를 즉석에서 맞추는 문제입니다.

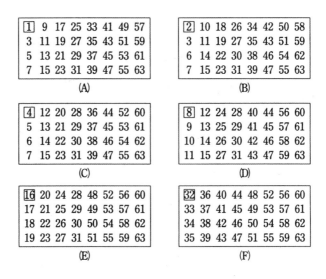

①1	9	17	25	33	41	49	57
3	11	19	27	35	43	51	59
5	13	21	29	37	45	53	61
7	15	23	31	39	47	55	63

(A)

②2	10	18	26	34	42	50	58
3	11	19	27	35	43	51	59
6	14	22	30	38	46	54	62
7	15	23	31	39	47	55	63

(B)

④4	12	20	28	36	44	52	60
5	13	21	29	37	45	53	61
6	14	22	30	38	46	54	62
7	15	23	31	39	47	55	63

(C)

⑧8	12	24	28	40	44	56	60
9	13	25	29	41	45	57	61
10	14	26	30	42	46	58	62
11	15	27	31	43	47	59	63

(D)

⑯16	20	24	28	48	52	56	60
17	21	25	29	49	53	57	61
18	22	26	30	50	54	58	62
19	23	27	31	51	55	59	63

(E)

㉜32	36	40	44	48	52	56	60
33	37	41	45	49	53	57	61
34	38	42	46	50	54	58	62
35	39	43	47	51	55	59	63

(F)

예를 들면 A가 마음속으로 25를 생각했다고 합니다. 그때 B는 A에게 "당신이 생각한 수는 (A)부터 (F)까지 카드 중 어디에 있습니까?"하고 묻습니다. 그러면 A는 "내가 생각한 숫자는 (A)와 (D), (E)에 있습니다."하고 답합니다. B는 이 세 개의 카드를 (A) (D) (E) 의 ☐ 안의 수를 더해서 [1]+[8]+[16]=25를 구한 다음 "당신이 생각하는 숫자는 25입니다!" 하고 답을 맞힙니다.

또 A가 "생각한 숫자는 (A), (C), (E) 세 곳에 있다."고 말하면 [1]+[4]+[16]=21이므로 B는 "당신이 생각한 숫자는 21입니다."라고 맞히게 됩니다. 이 마법에는 어떤 원리가 숨겨져 있을까요?

우선 여섯 장의 카드의 첫 번째 나오는 ☐ 속의 수는 앞 수에 2을 곱한 수 즉,

1, 2, 4, 8, 16, 32, 64, ······

으로 이 수들을 두 개 혹은 세 개 또는 그 이상 더함으로써 모든 수를 만들 수 있습니다.

예를 들어 3= $\boxed{1}$ + $\boxed{2}$ 이므로 (A)와 (B)에 3이라고 씁니다. 4는 (C)에만 있고, 5는 $\boxed{1}$ + $\boxed{4}$ 이므로 (A)와 (C)에 5라고 씁니다. 6은 $\boxed{2}$ + $\boxed{4}$ 이므로 (B), (C)에 6이라고 씁니다. 7은 $\boxed{1}$ + $\boxed{2}$ + $\boxed{4}$ 이므로 (A), (B), (C)에 7이라고 씁니다. 8은 (D)에만 있습니다. 9는 $\boxed{1}$ + $\boxed{8}$ 이므로 (A)와 (D)에 9라고 씁니다.

이렇게 해서 (A)부터 (F)까지의 카드를 이용하여 1부터 63까지 모든 수를 만들 수가 있고, 또 카드 하나를 더해서 (G)의 카드 64를 만들면 1부터 127까지 수를 만들 수 있습니다.

좀 더 재미있게 만들려면 $\boxed{}$ 표시를 하지 않고 그저 처음 수를 더하든지 또 일부러 이 수를 카드의 맨 끝에 두든지, 끝에서 두 번째에 두면 상대방이 쉽게 눈치채지 못할 것입니다.

(1)

코페르니쿠스
아인슈타인
괴테
프랭클린
단테
뉴턴
파스칼
소크라테스

(2)

코페르니쿠스
갈릴레오
괴테
워싱턴
단테
아르키메데스
파스칼
피타고라스

(3)

코페르니쿠스
갈릴레오
아인슈타인
칸트
단테
아르키메데스
뉴턴
가우스

(4)

코페르니쿠스
갈릴레오
아인슈타인
칸트
괴테
워싱턴
프랭클린
베토벤

이 네 장의 카드를 상대방에게 보이고 상대방이 생각하는 인명을 맞힙니다. 원리는 문제1과 마찬가지로 숫자 대신 사람 이름을 넣은 것뿐이지요.

문제를 내는 사람은 시작하기 전에 상대방 몰래 1부터 15까지 다음처럼 인명을 쓴 종이를 가지고 있습니다.

1	2	3	4	5	6	7	8	9	10	11	12	13	14	15
소크라테스	피타고라스	파스칼	가우스	뉴턴	아르키메데스	단테	베토벤	프랭클린	워싱턴	괴테	칸트	아인슈타인	갈릴레오	코페르니쿠스

네 장의 카드 인명을 숫자로 바꾸면

(1) | 1, 3, 5, 7, 9, 11, 13, 15 |

(2) | 2, 3, 6, 7, 10, 11, 14, 15 |

(3) | 4, 5, 6, 7, 12, 13, 14, 15 |

(4) | 8, 9, 10, 11, 12, 13, 14, 15 |

로 앞의 마법의 카드와 마찬가지가 되므로 상대방이 자신이 생각하는 이름이 (1)+(3)+(4)에 있다고 하면 그 세 장의 처음 더한 수는 1, 4, 8로 1=4+8=13, 즉 아인슈타인에 해당합니다. 인명 외에도 지명, 꽃 이름, 책 이름, 음식물 등 얼마든지 변형해서 재미난 수학 문제를 만들 수 있습니다.

6. 목걸이

여기 33개 구슬이 달린 진주 목걸이가 있습니다. 맨 아래 가운데 달린 구슬이 가장 크고, 가장 비쌉니다. 오른쪽 위로 올라갈수록 구슬은 점점 작아지고 값도 100원씩 싸집니다. 또 왼쪽으로 올라갈수록 150원씩 싸집니다. 전체 진주 가격은 65,000원입니다. 그러면 맨 아래 가장 큰 진주 한 알의 값은 얼마일까요?

우선 맨 아래 가장 큰 구슬의 가격을 x원이라고 하면 오른쪽 구슬은 위로 올라갈수록 100원씩 싸지므로 그 수는 16개입니다. 전체로 보면

$$(x-100)+(x-200)+(x-300)+(x-400)+\cdots+(x-1600)$$

이것은 등차수열의 합의 공식을 이용하면 첫 번째 항 $x-100$, 항수 16, 마지막 항 $(x-1600)$

$$공식\ S=\frac{n(a+l)}{2}\ 이므로$$

$$S=\frac{16\times(x-100+x-1600)}{2}$$

$$=16x-13600\ \cdots\cdots(1)$$

이 됩니다. 마찬가지로 왼쪽 구슬도

$$(x-150)+(x-300)+(x-450)+\cdots+(x-2400)$$

$$\frac{16\times(x-150+x-2400)}{2}=16x-20400\ \cdots\cdots(2)$$

그리고 전체 구슬 33개의 값이 65,000원이므로 맨 아래 진주

$S+(1)+(2)=$ 65,000원을 계산해서 x를 구하면 됩니다.

$$x+(16x-13600)+(16x-20400)=65000$$

$$33x=99000\ \ \therefore x=3000$$

답 3,000원

7. 암산

수학 시간에 선생님이 다음을 암산하도록 문제를 내셨습니다.

$$10^2= \quad 11^2= \quad 12^2= \quad 13^2= \quad 14^2=$$

그러자 학생은 곧장 다음과 같이 답을 풀었습니다.

$$10^2=100 \quad 11^2=121 \quad 12^2=144 \quad 13^2=169 \quad 14^2=196$$

선생님은 다시 다음 계산을 1분 이내에 암산으로 풀라고 하시면서 다음과 같은 식을 쓰셨습니다. 답을 구해보세요.

$$\frac{10^2+11^2+12^2+13^2+14^2}{365}=?$$

해답

365에 어떤 의미가 있는지 알아차려야만 합니다. 실제 365는 재미있는 수로 즉 365를 분해하면

$$365=100+121+144$$
$$=10^2+11^2+12^2$$

이 되어서 연속하는 정수의 제곱근을 합한 값이 됩니다. 또

$$13^2+14^2=169+196=365$$

가 됩니다. 그러므로 위의 계산은 $\dfrac{365+365}{365}$ 가 되어 답은 2가 됩니다.

답 2

8. 벌레 먹는 계산

문제 1 한때 벌레 먹는 계산이라든지 구멍 메우기 계산이라는 것이 있어서

빈칸에 숫자를 넣는 문제가 유행했습니다. 다음은 그 예입니다.

(1)
```
   7 □ 4 □
 - □ 8 □ 3
 ─────────
   2 8 5 6
```

(2)
```
   □ □ 4 3
   5 9 2 9
 + 2 8 □ 3
 ───────────
 1 3 2 1 □
```

(3)
```
     2 7
   × □ □
   ─────
     5 □
   □ □
   ─────
   8 □ □
```

(4)
```
       6 □
   × □ □ □
   ───────
     □ □
   □ □
 □ □
 ─────────
 □ □ □ 6
```

(5)
```
     □ 2 □
   ×   □ 7
   ───────
   2 2 □ 8
   □ 6 □ 0
 ─────────
 1 □ 4 6 □
```

(6)
```
     5 6 □
   ×   □ 4
   ───────
   □ □ 7 2
   □ 1 3 □
 ─────────
 1 3 6 3 2
```

(7)
```
              □ □ □
      □ □ □ ) □ 8 □ □ □
            3 □ 8
          ─────────
          1 0 5 8
          □ □ □ □
          ─────────
            □ □ □
              5 0 4
            ─────────
                  0
```

(8)
```
                1 □ □
      3 2 5 ) □ □ □ 5 □
            □ □ □
          ─────────
          □ □ □ □
          □ □ □ □
          ─────────
            □ 5 □
            □ 5 □
          ─────────
                0
```

202

문제 2   A군은 고등학교 2학년. 영어회화를 공부하고 싶어서 학원비를 보태

달라고 고향에 전보를 쳤습니다. 그러자 부모님은 다음과 같은 계산식을 써서 돈

을 보내주셨습니다. 자 얼마를 송금해주셨을까요?

$$
\begin{array}{r}
S E N D \\
+ \quad M O R E \\
\hline
M O N E Y \ \text{원}
\end{array}
\qquad
\begin{array}{r}
\square \ 5 \ N \ \square \\
+ \quad M O \ \square \ 5 \\
\hline
M O N 5 \ \square \ \text{원}
\end{array}
$$

힌트   T는 5라는 숫자를 나타냅니다. 즉, 오른쪽 계산에서 □와 M, N에 적당한 숫

자를 넣으면 됩니다. O는 0을 가리킵니다.

문제 3   학기 초에 어느 고등학교에서 복권 뽑기 대회를 열기로 했습니다.

인원은 90명 남짓, 경비는 만원이면 충분합니다. A군이 총무를 맡아 모두에게 회

비를 걷고 필요한 물건을 준비했습니다.

A군이 물건을 사고 나서 영수증을 보니 8이라는 숫자만 빼고는 모두 지워져 버

렸습니다. 회계보고를 하기 위해서는 영수증이 꼭 필요한데 큰일입니다. 여러분이

계산서를 완성해서 A군을 도와주세요.

$$
\begin{array}{r}
\square \ \square \ \square \\
+ \quad 8 \ \square \\
\hline
\square \ \square \ \square \ 8 \\
8 \ \square \ \square \\
\hline
\square \ \square \ \square \ \square
\end{array}
$$

문제 1

(1) $7749-4893$

(2) $4443+5929+2843=13215$

(3) $27 \times 32 = 864$

(4) $66 \times 111 = 7326$

(5) $324 \times 57 = 18468$

(6) 568×24

(7) $48384 \div 126 = 384$

(8) $52650 \div 325 = 162$

문제 2

```
    9 5 6 7
+   1 0 8 5
───────────
  1 0 6 5 2
```

문제 3

```
      1 1 2
×       8 9
───────────
    1 0 0 8
    8 9 6
───────────
    9 9 6 8
```

수학영재 시크릿 ❹

수학 퍼즐을 즐기며 논리력 향상시키기

Q1 한붓그리기

문제 ❶

아래 그림은 한붓그리기를 할 수 있습니다. 즉, 한번 연필을 종이에 대고 그리기 시작해서 모두 끝날 때까지 떼지 않고, 같은 선을 두 번 통과하지 않고 그려야 합니다. 그러기 위해서는 그림 중의 한 점에서 시작해서 다른 점에서 끝나도록 해야 합니다. 여러분도 한번 도전해 보세요.

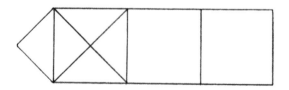

해답 p.225

문제 ❷

아래 안경 그림도 한붓그리기가 가능합니다. 같은 선을 두 번 통과하지 않도록 주의하세요.

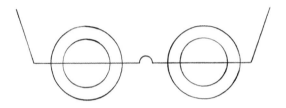

해답 p.225

 성냥개비

문제 ❶

아래 그림은 성냥개비로 만든 식입니다. 3＝1－2를 나타냅니다. 물론 틀린 식으로 이 중에서 성냥개비 하나만 움직여서 올바른 식으로 만들 수 있습니다. 어떻게 하면 될까요?

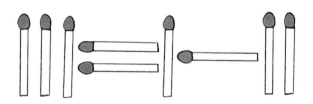

해답 p.226

문제 ❷

성냥개비 20개로 일곱 개의 정사각형을 만들었습니다. 그중 세 개를 옮겨서 정사각형 다섯 개를 만들 수 있을까요?

해답 p.226

문제 ❸

성냥개비 다섯 개를 사용하면 정삼각형 두 개를 만들 수 있는데 여섯 개를 쓰면 정삼각형 네 개를 만들 수 있습니다. 어떻게 만들면 될까요?

해답 p226

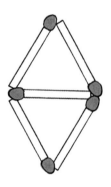

문제 ❹

로마숫자로는 10을 X 로 나타내고 9를 IX 로 나타냅니다. 다음 식은 10+1=9를 나타내지만 이 등식은 틀렸습니다.

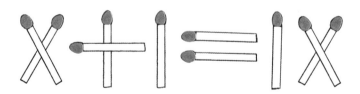

(1) 성냥개비를 하나만 옮겨서 식을 바르게 고치세요.

(2) 하나도 옮기지 않고 올바른 식으로 만들려면 어떻게 해야 할까요?

해답 p.227

문제 ❺

A군은 성냥개비 12개로 정사각형을 세 개 만들고 각 정사각형 안에 왼쪽부터

세로, 가로, 대각선으로 성냥개비를 하나씩 넣었습니다.

A : "형, 이 성냥개비 15개에서 여섯 개를 빼면 얼마가 될까?"

B : "그야, 아홉 개 겠지."

A : "아니, 10이야."

B : "어째서?"

여러분도 함께 생각해 보세요.

해답 p.227

3 지혜로운 도형

문제 ❶

그림처럼 사각형에 그 4분의 1이 되는 정사각형을 더한 모양의 토지가 있습니다. 이것을 같은 형태로 3등분하시오.

해답 p.227

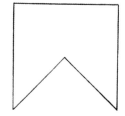

문제 ❷

그림처럼 정사각형에서 그 4분의 1을 자른 도형이 있습니다. 이것을 같은 모양의 도형으로 4등분하시오.

해답 p.227

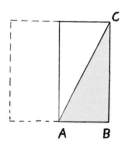

문제 ❸

정사각형 도형을 두 개로 나누면 두 개의 직사각형이 생깁니다. 그 직사각형 하나를 대각선으로 잘라 삼각형 두 개를 만듭니다. 그러면 아래 그림처럼 △ABC가 됩니다. 이런 삼각형을 20개 사용하여 큰 정사각형을 만들려고 합니다. 어떻게 하면 될까요?

힌트 완성된 정사각형의 한 변의 길이는 AC의 2배입니다.

해답 p.227

숫자 늘어놓기

1부터 16까지의 숫자를 오른쪽 그림처럼 늘어놓고 일직선이 되는 네 개의 수의 합을 모두 34가 되도록 합니다. 1에서 8까지의 위치는 알고 있지만 9에서 16까지의 위치는 모릅니다. 각각의 숫자를 어디에 두어야 할까요?

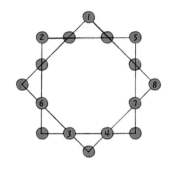

해답 p.228

 별 모양 퍼즐

별 모양 도형의 ○ 부분에 1, 2, 3, 4, 5, 6, 8, 9, 10, 12의 10개 정수를 써넣고 일직선이 된 각 줄의 네 개의 수의 합이 모두 24가 되도록 만드시오.

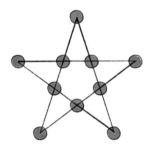

힌트 안쪽이나 바깥쪽 다섯 개의 ○에 1부터 5를 배치해보세요.

해답 p.228

숫자 놀이

다음 문제를 모두 2분 안에 풀어야 합니다. 방법은 두 숫자 사이에 적당히 +, −, ×, ÷ 기호를 넣어 좌우를 같게 만드는 것입니다. 그럼 준비, 시~작!

(예) $3+1=8÷2$

① 12   3＝5   4   ② 6   4＝3   2

③ 9   4＝6   6   ④ 7   5＝4   3

⑤ 3   3＝8   1

해답 p.228

두 개의 수

여기 두 개의 수가 있습니다. 둘을 더한 수와 곱한 수를 합하면 35가 된다고 합니다. 이 두 수는 무엇과 무엇일까요? 단 모두 한 자리 숫자이며 같은 수는 아닙니다.

해답 p.229

아버지와 아들

아버지와 아들이 있습니다. 아버지 나이는 4년 전에는 아들 나이의 5배였는데, 6년 뒤에는 아들 나이의 3배가 된다고 합니다. 아버지와 아들 나이는 지금 각각 몇 살일까요?

해답 p.230

월급 계산

어느 회사에 게으른 사원이 사흘 출근하고는 이틀 쉬고, 또 사흘 출근하고 이틀 쉬는 등 제대로 일을 하지 않았습니다. 화가 난 사장님은 그 사원에게 "월급을 다 줄 수는 없으니 출근한 날은 8,000원을 주고, 쉬는 날은 벌로 10,000원을 빼겠네." 하고 말했습니다. 한 달이 지나 월급날이 돌아오자 그 사원은 겨우 14,000원을 받았습니다. 사원은 도대체 며칠을 쉰 것일까요?

해답 p.230

양동이 퍼즐

어떤 사람이 5리터들이 양동이와 3리터들이 양동이를 가지고 강으로 갔습니다. 이 사람은 딱 4리터만 물을 떠오고 싶었습니다. 하지만 아무래도 방법을 알 수가 없었습니다. 여러분이 대신 풀어 볼까요?

물론 양동이에는 단위 표시가 전혀 없습니다.

힌트 여섯 번 만에, 혹은 여덟 번 만에 할 수 있습니다. 여섯 번으로 할 때는 우선 5리터 들이에 물을 넣습니다. 다음에 그 물을 3리터 들이로 옮깁니다. 결국 5리터 들이에 2리터가 남게 됩니다.

해답 p.231

네 채의 집

넓은 초원에 A, B, C, D 집 네 채가 있습니다. 이 집은 공동으로 아이들을 위해 둥근 트랙을 만들기로 했습니다. 단 트랙 가장자리까지 거리는 모든 집에서부터 같은 거리로 하고 싶습니다. 이 조건에 맞는 트랙을 그려 보시오.

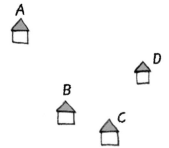

해답 p.232

 시간

어제 정오에 라디오의 시간 정보를 듣고 시계를 보았더니 2분이 빨랐습니다. 그러나 오늘밤 6시에는 라디오의 시간보다 1분 늦었습니다. 이 시계가 정확한 시각을 가리키는 것은 몇 시일까요?

해답 p.233

 물고기의 이동

강가에 두 마을 A, B가 있습니다. 하류에 있는 A마을에서 상류의 B마을까지는 50km 떨어져 있습니다. 그런데 이 강에 사는 물고기는 낮에 10km 올라갔다가, 밤에는 3km 강을 내려갑니다. 1월 1일 아침에 A마을에서 올라가기 시작한 물고기는 몇 일 어느 때 B마을에 도착할까요?

해답 p.233

 플라타너스 가로수

일직선 도로의 가로변에 $10m$씩 간격을 두고 20그루의 플라타너스가 심어져 있습니다. 그리고 제일 앞의 나무 밑둥에 수도꼭지가 있습니다. 나무 한 그루에 물 한 양동이를 준다고 하면 20그루 나무에 모두 물을 주려면 합계 몇 m를 걸어야 할까요? 양동이는 하나뿐입니다.

해답 p.233

 정직한 친구는 누구?

친구 A, B, C, D, E 다섯 명이 있습니다. 그 중 세 명은 거짓말을 자주 해서 믿을 수가 없습니다. 다른 두 사람은 결코 거짓말을 하지 않는 정직한 친구들입니다. 다음 일곱 가지 증언을 듣고 A~E중 정직한 친구 두 명을 찾으세요.

(1) A는 "B는 거짓말을 안 해요."라고 말했습니다.

(2) B는 "C는 거짓말쟁이에요."라고 말했습니다.

(3) C는 "D도 자주 거짓말을 해요."라고 말했습니다.

(4) D는 "E는 자주 거짓말을 해요."라고 말했습니다.

(5) E는 "B는 거짓말쟁이에요."라고 말했습니다.

(6) 그러자 A가 다시 "E는 거짓말을 안 해요."라며 D의 증언을 부정했습니다.

(7) 마지막으로 E는 "C도 거짓말쟁이에요."라고 말했습니다.

해답 p.234

 ## 16 연못과 동물

어느 봄날 개와 고양이, 토끼가 둥근 연못 주위를 돌고 있었습니다. 개, 고양이, 토끼의 속도는 각각 분속 60, 25, 50m입니다. 이 세 마리가 동시에 같은 장소에서 뛰기 시작하면 몇 시간 뒤에 세 마리가 동시에 출발점에 들어올까요? 단 연못 주위는 1,500m입니다.

해답 p.234

 ## 17 바둑알 개수 맞히기

A, B, C 세 친구가 게임을 하려고 바둑알을 몇 개씩 가지고 있습니다. 게임에서 진 사람은 다른 두 사람이 가진 바둑알과 같은 수만큼 자기 바둑알을 건네주기로 했습니다.

첫 번째 게임은 A가 졌고 두 번째 게임은 B가, 세 번째 게임은 C가 졌습니다. 그 결과 세 사람이 가진 바둑알 수는 각각 48개가 되었습니다. 처음에 세 사람은 각각 몇 개의 바둑알을 가지고 있었을까요?

해답 p.235

 카드놀이

그림과 같이 8이 쓰인 두 장의 카드를 늘어놓고 그 사이에 A, B가 쓰인 카드를 두면 8AB8이라는 4자리 수가 생깁니다.

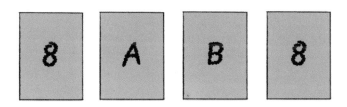

이 4자리 수 8AB8이 2자리수 AB로 나누어 떨어지게 AB를 정하세요. 예를 들어 AB를 11로 하면 8118이 되고 이것은 11로 나누어떨어집니다. 몫은 738입니다. 또 AB를 13으로 하면 8138이 되어 역시 13으로 나누어떨어집니다. 몫은 626입니다. 그 외에도 AB에 들어갈 수 있는 수는 여러 가지가 있지만 그중에서 가장 큰 수는 얼마일까요?

해답 p.235

 트럼프

A, B, C, D 네 명이 카드 게임을 다섯 번 했습니다. 첫 번째 승자는 다른 세 사

람으로부터 연필을 한 자루씩 받았고, 두 번째 승자는 두 자루씩 받았습니다. 세 번째 승자는 네 자루씩, 네 번째 승자는 여덟 자루씩, 다섯 번째 승자는 16자루씩 받았습니다. 게임이 모두 끝났을 때 A에게는 연필이 다섯 자루 늘어나 있었습니다. A는 다섯 번 게임 중에서 몇 번 이기고 몇 번 졌을까요?

해답 p.235

 ## 사과 장수

어느 신사가 과일 가게에 사과를 사러 갔습니다.

주인 : "최고품은 한 개 100원, 상등품은 두 개 100원, 보통은 세 개 100원입니다."

신사 : "상등품과 보통으로 주세요. 좀 싸게 해 줄 수 없나요?"

주인 : "워낙 싸게 파는 것이라서 1원도 깎을 수 없습니다."

신사 : "그럼 상등품이 두 개 100원이고 보통이 세 개 100원이면 200원으로 다섯 개를 살 수 있겠네요?"

주인 : "네, 그렇습니다."

신사 : "그럼 다섯 개 200원으로 해서, 상등품과 보통을 30개씩, 합계 60개를 주세요. 다섯 개 200원이니까 60개면 12배인 2,400원이겠네요."

주인 : "네, 그렇습니다. 감사합니다."

점원은 웃으며 사과를 봉투에 넣기 시작했는데 이 계산은 과연 맞는 것일까요?

해답 p.236

바둑알 수열

문제 ❶

위와 같이 흑과 백이 하나씩 교대로 늘어선 여섯 개의 바둑알이 있습니다. 이것을 한 번에 두 개씩 옮겨서

처럼 만들려면 어떻게 하면 될까요?

힌트 옮기는 횟수는 세 번입니다.

해답 p.237

문제 ❷

위와 같이 흑과 백이 서로 교대로 늘어선 12개의 바둑알이 있습니다. 이것을 한 번에 세 개씩 옮겨서 다음처럼 만들려면 어떻게 하면 될까요?

힌트 옮기는 횟수는 세 번입니다.

해답 p.237

100m 경주

형과 동생이 100m 직선 코스를 경주했습니다. 첫 번째 경주에서는 형이 골인 지점에 들어왔을 때 동생은 10m 뒤였습니다. 그래서 두 번째는 형이 동생보다 10m 뒤에서 출발했습니다.

자, 이번 승부에서는 형이 이길까요, 동생이 이길까요? 아니면 동시에 골인할까요? 단, 형제가 달리는 속도는 첫 번째 경주 때와 같습니다.

해답 p.237

7=5 ??

신기하게도 다음처럼 계산하면 7=5가 됩니다.

$x=3$, $y=2$라고 하면 $4x$도 $6y$도 12이므로 $4x=6y$가 됩니다. 그런데 $4x=14-10x$이고 $6y=21y-15y$이므로 $14x-10x=21y-15y$의 식이 성립됩니다.

이항하면 $15y-10x=21y-14x$가 됩니다. 이 식의 좌변을 5, 우변을 7로 나누면 $5(3y-2x)=7(3y-2x)$. 양변을 $(3y-2x)$로 나누면 5=7.

이 풀이에서 어디가 틀렸을까요?

해답 p.238

자동차 바퀴의 회전

다음 그림을 보세요. 자동차 바퀴가 한 바퀴 회전해서 A에서 B까지 앞으로 나갔다고 가정합시다. 그러면 A−B는 자동차 바퀴의 지름과 같게 됩니다. 예를 들어 자동차 바퀴의 지름을 $1m$라고 하면 A—B는 1π, 즉 $3.14m$가 될 것입니다.

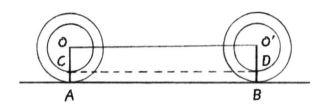

그런데 다음으로 바퀴의 안쪽을 나타내는 원(그림 중에서 작은 원)도 역시 이 사이에 한 바퀴 회전하므로 이것을 C—D라고 합니다.

이 C—D 사이의 길이는 보다시피 A—B와 같아서 약 $3.14m$가 되므로 이 작은 원주와 바깥 쪽의 원지름이 같은 길이가 되어 버립니다.

위의 설명에서 어딘가 틀린 점은 없을까요?

해답 p.238

 번거로운 쇼핑

A, B, C, D와 그 부인이 함께 크리스마스 선물을 사러 백화점에 갔습니다. 여덟 명이 지닌 돈은 각각 다르지만 합계는 40만 원으로 모두 만원짜리만 가지고 있었습니다. 부인의 이름은 메리, 마리아, 안, 루시였는데 각각 누구의 부인인지는 모릅니다.

모두 원하는 대로 물건을 산 결과 메리는 1만원, 마리아는 2만원, 앤은 3만원, 루씨는 4만원을 썼습니다.

또 남편들은 부인들보다 더 많이 샀는데 네 명 중 A씨만이 부인과 같은 가격이었습니다. 그리고 B씨는 부인의 2배, C씨는 부인의 3배, D씨는 부인의 4배였습니다.

그런데 돌아오는 길에 각자 지갑을 보았더니 우연히도 여덟명 모두 똑같이 만원만 남아 있었습니다. 메리, 마리아, 앤, 루시는 각각 A, B, C, D 누구의 부인일까요?

해답 p.239

해답

 1 한붓 그리기

문제 ❶

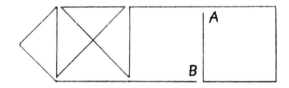

문제 ❷

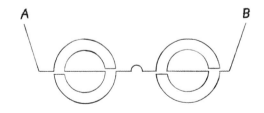

해답

Q1 한붓 그리기

문제 ❶

문제 ❷

성냥개비

문제 ❶

아래 그림처럼 이동하면 3−1＝2가 됩니다.

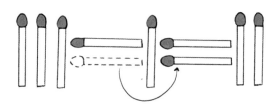

문제 ❷

문제 ❸

정사면체로 만들면 됩니다.

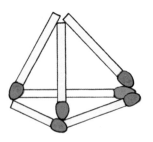

문제 ❹

(1) 오른쪽의 IX 를 XI 로 하면 됩니다.

(2) 성냥개비를 그대로 둔 채 위아래를 거꾸로 보면 됩니다.

   즉 XI = I + X (11=1+10) 이 됩니다.

문제 ❺

TEN(10)으로 읽게 하면 됩니다.

(3) 지혜로운 도형

문제 ❶

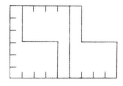

문제 ❷

문제 ❸

숫자 늘어놓기

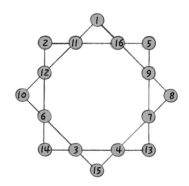

 별 모양 퍼즐

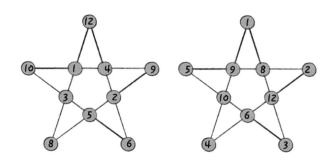

 숫자놀이

① $12-3 = 5+4$

② $6÷4 = 3÷2$

③ $9×4 = 6×6$

④ $7+5 = 4 \times 3$

⑤ $3 \times 3 = 8+1$

 두 개의 수

구하는 수를 x, y라고 하면 문제 뜻에 따라 다음 방정식이 성립합니다.

$$(x+y)+xy=35 \text{에서 } x(y+1)=35-y$$

$$\therefore \ x=\frac{35-y}{y+1}$$

$$\therefore \ x=\frac{-(y+1)+36}{y+1}=-1+\frac{36}{y+1}$$

이 식에서 x가 양수이기 위해서는 $\dfrac{36}{y+1}$도 양수여야만 합니다. 따라서 $(y+1)$는 36의 약수, 즉 1, 2, 3, 6, 9 중의 하나이고, y는 0, 1, 2, 5, 8 중 하나여야만 합니다 (y는 한 자리수). 각각에 대해 값을 구하고 문제 뜻에 맞는 x, y의 값을 조사하면 $x=3, y=8$이 됩니다.

답 3과 8

다른방법 $x+1=\dfrac{36}{y+1}$에서 $(x+1)(y+1)=36$으로 해서 x, y를 구할 수도 있습니다.

아버지와 아들

아버지와 아들의 현재 나이를 x, y 라고 하면 4년전에는 각각 $x-4, y-4$ 이고 또

6년 후에는 $x+6, y+6$ 이 되므로 다음과 같은 연립방정식을 만들 수 있습니다.

$$x-4=5(y-4) \quad \cdots (1)$$

$$x+6=3(y+6) \quad \cdots (2)$$

(1)-(2)에서

$$-10=2y-38 \quad 2y=28 \quad \therefore y=14$$

$y=14$ 를 (1) 에 넣으면

$x=54$

답 아버지 54세, 아들 14세

 월급 계산

결근한 날을 $x(일)$로 하면 출근한 날은 $31-x(일)$이 됩니다. (출근한 날의 월

급)-(결근한 날의 벌금)=(지불 금액)이 되므로 다음 식이 성립합니다.

$$8000(31-x)-10000x=14000$$

$$-18000x=-234000$$

$$\therefore x=13$$

답 13일

양동이 퍼즐

해법은 두 가지입니다. 하나는 우선 5리터들이에 물을 넣고 그것을 3리터들이로 옮기는 방법으로 시작합니다. 또 하나는 우선 3리터들이에 물을 넣고 그것을 다시 5리터들이에 옮기면서 시작합니다.

(여섯 번으로 끝내기)	5리터들이	3리터들이
1. 5리터들이에 물을 넣는다.	5	0
2. 그 물을 3리터들이에 옮긴다.	2	3
3. 3리터들이의 물을 버린다.	2	0
4. 5리터들이의 물을 3리터 들이에 옮긴다.	0	2
5. 5리터들이에 물을 넣는다.	5	2
6. 그 물을 3리터들이에 옮긴다.	4	3

(1리터 옮기면 3리터들이는 가득 차고 5리터들이에 4리터 남는다)

(여덟 번으로 끝내기)	5리터들이	3리터들이
1. 3리터들이에 물을 넣는다.	0	3
2. 그 물을 5리터들이에 옮긴다.	3	0
3. 3리터들이에 물을 넣는다.	3	3
4. 그 물을 5리터들이에 옮긴다.	5	1
5. 5리터들이의 물을 버린다.	0	1

6. 3리터들이의 물을 옮긴다	1	0
7. 3리터들이에 물을 넣는다.	1	3
8. 그 물을 5리터들이에 옮긴다.	4	0

(11) Q 네 채의 집

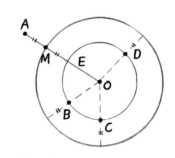

B, C, D의 세 점을 통과하는 원을 만들어 그 중심을 O라고 합니다. O, A를 연결해서 원 O의 주위와 겹치는 점을 E라고 하고 AE 의 중심점을 M이라고 합니다. 다음 O을 중 심으로 OM을 반지름으로 하는 원을 그리면 그 원이 바로 어느 집이나 모두 같은 거리에 있는 트랙이 됩니다.

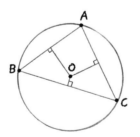

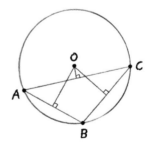

참고 세 점을 통과하는 원을 직선으로 연결하고 세 변의 가운뎃점을 수직선으로 그 린 후 그 교차점을 원의 중심으로 하면 그릴 수 있습니다.

⑫ 시간

어제 정오에서 오늘밤 6시까지 30시간에 3분이 틀렸으므로 10시간에 1분 틀린 셈입니다. 오늘밤 6시부터 10시간 전을 계산하면 오늘 오전 8시가 됩니다. 이것이 정답(어제 정오에서 20시간 뒤라고 생각해도 됩니다).

⑬ 물고기의 이동

낮 동안 $10km$ 올라가지만 밤중에는 $3km$ 내려가므로 2일 아침에는 $7km$ 지점, 3일 아침에는 $14km$, 4일 아침에는 $21km$, 5일 아침에는 $28km$, 6일 아침에는 $35km$, 7일 아침은 $42km$ 지점에 도달합니다. 남은 것은 $8km$이므로 B마을에는 7일 저녁에 도착하게 됩니다. 이것을 단순히 $7×7=49$로 계산해서 7일 걸려도 B마을에 도착하지 않는다고 생각하면 틀리게 됩니다.

답 1월 7일 저녁

⑭ 플라타너스 가로수

첫번째 나무에서 20번째 나무까지는 $190m$이므로 왕복 $380m$. 또 19번째까지는 $180m$로 왕복 $360m$. 전체로 계산하면

$$2×(190+180+ \cdots +20+10)$$
$$=2×\{(190+10)+(180+20)+ \cdots +(110+90)+100\}$$
$$=2×(200×9+100)=3800$$

답 $3,800m$

233

정직한 친구는 누구?

만일 A를 정직한 친구라고 하면 (1), (6)에서 B, E도 정직한 친구가 되어서 정직한 사람이 모두 세 명이 되므로 A는 거짓말쟁이.

다음 E를 정직한 친구로 하면 (5), (7)에서 B, C는 거짓말쟁이가 되는데(이렇게 되면 거짓말쟁이는 A, B, C 세 사람), (4)에서 D가 "E는 거짓말쟁이다."라고 했으므로 D까지 모두 거짓말쟁이는 네 사람이 됩니다. 따라서 E는 정직한 친구라는 가정은 틀리게 되므로 E도 거짓말쟁이.

마지막으로 C를 정직한 친구로 보면 (3)에서 D는 거짓말쟁이가 됩니다. 즉 거짓말쟁이는 A, E, D이고 정직한 친구는 B, C가 됩니다. 이것은 (2)와 모순됩니다. 따라서 C도 거짓말쟁이.

🔢 정직한 친구는 B와 D

 연못과 동물

개는 $1500 \div 60 = 25$(분)만에 연못을 일주합니다.

고양이는 $1500 \div 25 = 60$(분)만에 연못을 일주합니다.

토끼는 $1500 \div 50 = 30$(분)만에 연못을 일주합니다.

따라서 이 세 마리가 동시에 출발점에 돌아오는 것은 25, 60, 30의 최소공배수인 300(분), 즉 5시간 뒤입니다.

17 바둑알 개수 맞히기

결과부터 거꾸로 계산하면 다음과 같이 됩니다. 이기면 두 배가 되는 것에 주의. 또 바둑알 개수는 모두 $48 \times 3 = 144$(개).

	A	B	C
세 번째(C가 지고) 종료	48	48	48
두 번째(B가 지고) 종료	24	24	96
첫 번째(A가 지고) 종료	12	84	48
처음 가지고 있던 개수	78	42	24

…… 답

18 카드놀이

AB가 11 혹은 13의 배수일 때는 모두 8AB8은 두 자리 수 AB로 나누어떨어진다. 예를 들어 8118, 8138, 8228, 8268, …… 등으로 그 중에서 제일 큰 두 자리 수는 $13 \times 7 = 91$입니다.

19 트럼프

첫번째에서 이기면 연필이 세 자루 늘어나고 지면 한 자루 줄어듭니다. 두번째에서 이기면 연필이 여섯 자루 늘고, 지면 2자루 줄어듭니다. 이것을 표로 나타내면 다음과 같습니다.

횟수	1	2	3	4	5
이겼을 때	+3	+6	+12	+24	+48
졌을 때	−1	−2	−4	−8	−16

이 표에서 다섯 자루 늘어나는 조합을 찾으면 첫번째와 네번째에 이기고(27자루 증가), 2, 3, 5번째에 지면(22자루 감소), 27−22＝5, 정확하게 다섯 자루 늘어나게 됩니다.

사과 장수

신사의 요구대로라면 두 개 100원 하는 상품과 세 개 100원 하는 보통을 각각 30개씩 합계 60개를 다섯 개 200원씩으로 팔라는 것입니다. 언뜻 생각하기에 과일 가게 주인이 손해볼 것은 없는 듯 하지만 계산하면 속았다는 것을 알 수 있습니다.

상품 30개에 1,500원, 보통 30개에 1,000원, 합계 2,500원. 하지만 신사의 계산으로는 다섯 개 200원씩 600개이므로

$$60 \times \frac{200}{5} = 2,400$$

즉, 2,400원이 되어서 100원을 손해보게 됩니다.

힌트 다섯 개 200원이면 한 개 40원이지만 상품 한 개(50원)와 보통 한 개(33.333……원)의 평균은 한 개 41.666……원으로 40원이 아닙니다. 즉 다섯 개 200원이란 것은 어디까지나 '상품 2 : 보통 3'의 비율일 때만 성립하는 것으로 60개라면 상품 24개와 보통 36개(1,200원＋1,200원＝2,400원)이어야만 합니다.

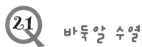

21 바둑알 수열

문제 ❶

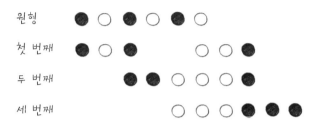

문제 ❷

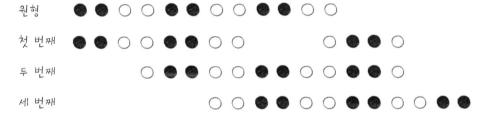

22 100m 경주

형이 이깁니다. 왜냐하면 첫번째 시합에서 형이 100m를 달릴 동안 동생은 90m를 달렸습니다. 두번째 시합에서 형이 100m 달려서 골인 지점 10m 앞(90m 지점)까지 왔을 때 동생도 정확히 이 지점에 도착합니다. 결국 승부는 남은 10m에서 결정되므로 발이 빠른 형이 이깁니다.

7=5 ??

$x=3$. $y=2$이면 $3y-2x=0$입니다. 이것을 잊고 $5(3y-2x)=7(3y-2x)$의 양변을 0이 되는 식으로 나눈 것이 잘못입니다. 어느 숫자를 0으로 나눌 수는 없다(답이 나오지 않는다)는 것을 잊어서는 안 됩니다.

자동차 바퀴의 회전

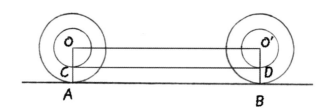

알기 쉽게 하기 위해서 안쪽 원의 지름을 바깥쪽 원 지름의 반, 즉 $\frac{1}{2}m$라고 하고 원O가 원O′의 위치까지 회전했다고 하면 AB=CD=OO′가 됩니다. 그런데 A—B는 자동차가 땅위를 굴러 회전한 길이로 3.14m는 맞지만 OO′는 '중심이 굴러서 3.14m 이동한 것'이 아니라 점O가 O′까지 '일직선으로 미끄러진 것' 뿐입니다.

마찬가지로 생각해서 CD는 반이 원주 $\frac{1}{2}\pi m$ 즉 $\frac{3.14}{2}m$로 이만큼 회전해서 나머지 반은 자동차바퀴의 회전에 따라 미끄러진 거리입니다.

번거로운 쇼핑

부인들이 산 물건의 합계 금액은

$$10000+20000+30000+40000=100,000(원)$$

남편들이 쓴 금액에서 가장 작은 경우를 생각해보면

$$(10000×4)+(20000×3)+(30000×2)+(40000×1)=200,000(원)$$

이 경우 여덟 명 전원이 사용한 금액의 합계는 30만원이 됩니다.

그런데 여덟 명 전원이 만원씩 남았다고 했으므로 한 사람 만원, 합계 8만원이 됩니다(처음 가지고 있던 총금액이 40만원이므로 16만원, 24만원, 36만원은 맞지 않습니다).

따라서 여덟 명이 물건을 산 금액 합계는 40−8=32(만원)이 되고 네 명의 남편이 물건을 산 금액의 합계는 32−10=22(만원)이 됩니다. 이것은

$$(10000×3)+(20000×4)+(30000×1)+(40000×2)=220,000(원)$$

이외에는 성립하지 않으므로

만원 사용한 메리는 그 3배를 쓴 C의 부인, 2만원 사용한 마리아는 그 4배를 쓴 D의 부인, 3만원 사용한 앤은 같은 금액을 쓴 A의 부인, 4만원 사용한 루시는 그 2배를 쓴 B의 부인입니다.

영재들의
수학시크릿북 ❷

초판인쇄 2008년 12월 1일
초판발행 2008년 12월 8일
지은이 | 사사베 테이이치로
옮긴이 | 박선영
펴낸이 | 심만수
펴낸곳 | (주)살림출판사
출판등록 | 1989년 11월 1일 제9-210호

주소 | 413-756 경기도 파주시 교하읍 문발리 파주출판도시 522-2
전화 | 영업부 031)955-1350   기획편집부 031)955-1381
팩스 | 031)955-1355
이메일 | salleem@chol.com
홈페이지 | http://www.sallimbooks.com

ISBN 978-89-522-1034-0 63410

책임편집 · 교정 | 이혜령

값 9,800원